V 2506

22301

TRAITÉ DES PONTS.

TRAITÉ
DES PONTS,

OÙ IL EST PARLÉ DE CEUX DES ROMAINS
& de ceux des Modernes ; de leurs manieres ; tant de ceux
de Maçonnerie, que de Charpente ; & de leur difpofition
dans toute forte de lieux.

Des projets des Ponts, des Matériaux dont on les conftruit,
de leurs Fondations, des Echafaudages, des Cintres, des
Machines, & des Bâtardeaux à leurs ufages.

De la difference de toute forte de Ponts ; foit Dormans, ou
Fixes ; foit Mouvans & Flotans, Volans, Tournars, à
Couliffes, Ponts-levis à Fleche, & à Baccule, &c.

Avec l'explication de tous les Termes des Arts qu'on employe
à la conftruction des Ponts, & les Figures qui démontrent
leurs differentes parties.

Et les Edits, Declarations, Arrefts & Ordonnances qui ont
été rendus à l'occafion des Ponts & Chauffées, Ruës,
Bacs, Rivieres. Des Coûtumes obfervées fur ce fait. De
leur entretien. Des garanties. Des Peages, & des Reglemens fur les Carrieres.

v2506.

À PARIS,

Chez ANDRÉ CAILLEAU, Quay des Auguftins, près
la Ruë Pavée, à Saint André.

MDCCXVI.
AVEC APPROBATION ET PRIVILEGE DU ROI.

A MONSEIGNEUR

DE BERCY,

CONSEILLER D'ETAT,

INTENDANT DES FINANCES,

Ayant la Commission des Ponts &
Chaussées du Royaume.

ONSEIGNEUR,

L'attention que vous donnez au Rétablisse-
ment des Ponts & Chaussées de France, a fait
naître l'Ouvrage que j'ay l'honneur de vous
presenter. J'ay crû que pour seconder vos Des-
seins, je devois ramasser toutes les Reflexions

EPITRE.

que m'a fait faire une Experience de plusieurs
années dans la conduite de divers Ouvrages
publics d'une des plus vastes Provinces du
Royaume. *

Les Romains, dont les Maximes sont si
respectables, en avoient tellement reconnu l'u-
tilité & les avantages, qu'ils en faisoient une
des Parties essentielles du Gouvernement: Et
les Monumens qui nous restent encore aujour-
d'hui, conservent les Noms des Consuls qui
en ont eu la conduite.

En effet, MONSEIGNEUR,
n'est-ce pas le moyen de rendre le Commerce
florissant, & d'attirer l'abondance dans l'E-
tat, après des Guerres si longues & si opiniâ-
tres? Et le Roy, toujours attentif au bonheur
de ses Sujets, ne pouvoit rien entreprendre de
plus avantageux, pour leur faire goûter les
douceurs de la Paix qu'il vient de leur donner.

Aussi peut-on dire, MONSEIGNEUR,
que les grands Ouvrages que vous faites executer avec tant de soins, pour le Rétablissement
des Routes & des Ponts, n'immortaliseront
pas moins son Nom, que toutes les autres

* Le Languedoc.

EPITRE.

Merveilles de son Auguste Regne. Et les Peuples, qui n'oublieront jamais les Bienfaits de LOUIS LE GRAND, conserveront en même temps pour Vous une éternelle reconnoissance. J'ay l'honneur d'estre, avec un tres profond respect,

MONSEIGNEUR,

A Paris, le premier
Aoust 1714.

Vôtre tres-humble, &
tres obéissant Serviteur,
GAUTIER.

PREFACE.

LES Auteurs qui ont traité de l'Architecture, n'ont point donné de regies pour construire des Ponts. Ils n'ont point traité à fond cette matiere, ni donné aucun détail, ils n'en ont parlé qu'en paſſant ; ils ont ſuppoſé qu'un Architecte qui n'ignore rien de ce qui concerne ſa Profeſſion, devoit ſçavoir tout ce qui regarde les Ponts. Quelques-uns, comme Scamozzi, Palladio, Serlio, &c. ont donné des modeles des Ponts de Maçonnerie, ou de Charpente ; Vitruve & Vignolle n'en ont rien dit. J'ay tiré de ceux qui en ont traité tout ce qui a pû convenir à mon ſujet, & je rapporte tout ce qu'ils ont publié ou fait ſur cette matiere, lorſque j'ay crû que cela pouvoit être de quelque uſage au Public ; mais partout où j'ay vû que je pouvois aller audelà en augmentant, ou en diminuant, pour éclaircir davantage les choſes, je l'ay fait en ſorte qu'elles fuſſent plus aiſées à pénétrer. J'ay joint à tout cela l'experience que je puis avoir de tous ces Ouvrages, depuis pluſieurs années que je travaille, & que je rapporte, afin que ceux qui ne ſçavent pas puiſſent en profiter, pour qui uniquement j'ay fait ce Traité.

J'ay mis les choſes en regle autant que j'ay pû.

Pour y réüffir, j'ay crû qu'il en falloit donner les raisons. Je prouve mes conjectures par des experiences; je rapporte toutes les précautions dont je me suis servi ailleurs, pour ne pas manquer dans ces sortes d'ouvrages, qui font des plus difficiles, & qui meritent le plus d'attention, comme une des parties de l'Architecture où il y a le plus de précautions à garder, plus de lieu à craindre & à douter, & à laquelle on ne sçauroit jamais trop apporter de moyens pour l'affurer.

Le sujet des Ponts est affez vaste pour donner de l'occupation aux plus habiles, & pour rapporter par des exemples les moyens qui conviennent davantage à ces sortes d'Ouvrages, afin de les pouvoir mieux affurer. Jusqu'ici personne n'a traité de cette matiere autant qu'elle le merite. J'ay osé l'entreprendre & la proposer. Je souhaite que quelqu'autre faffe mieux, afin que tout le monde en profite davantage.

TRAITÉ
DES PONTS
ET CHAUSSÉES.

CHAPITRE PREMIER.

Des Ponts en general, où il est parlé de ceux des Romains, & de ceux des Modernes.

DE tout ce que les hommes ont imaginé de mieux pour faciliter leur commerce, il est certain que ce sont les Ponts qu'ils ont pratiqué sur les grandes & petites rivieres. Si les Romains, autrefois, ont soûmis les peuples au-delà des plus grands Fleuves qui terminoient leur Empire, ce n'a été qu'en y pratiquant des Ponts pour les traverser. Et les Souverains d'aujourd'huy ne sçauroient vaincre leurs ennemis, en portant audelà des limites de leurs Etats, leurs Armes victorieuses, qu'en faisant faire des Ponts sur les grandes rivieres qui les separent, & qui s'opposent à leurs conquêtes.

De tous les Ponts qui ayent jamais été, s'il en faut croire l'Histoire, on convient que celui que fit faire

A

Trajan fur le Danube, a été le plus grand, & le plus beau. Comme le Fleuve, fur lequel il le fit conftruire, eft extrêmement large, il falloit que le Pont fût auffi fort long. Car il étoit compofé de 20 Arches hautes de 150 pieds, & leur ouverture d'une pile à l'autre étoit de 160, ou d'environ 25 toifes. Ce qui faifoit une longueur de Pont d'environ 600 toifes, environ 490 toifes de Paris, car le pied ancien Romain eft de 11 pouces du pied de Paris. Les dimentions d'un pareil ouvrage, font prefque audeffus de toutes les idées des Architectes d'aujourd'hui, s'il eft vray qu'elles ayent été ainfi. Ce Pont étant fini, les Romains furent combattre les Barbares par delà le Danube. Adrien fucceffeur de Trajan, le fit enfuite abattre pour empêcher que ces mêmes peuples vaincus ne profitaffent de l'avantage de ce Pont pour traverfer le même Fleuve du Danube, afin de porter leurs Armes jufques dans l'Empire Romain. Voicy l'infcription qu'on a trouvé de ce fuperbe Pont.

PROVIDENTIA AUGUSTI VERE PONTIFICIS VIRTUS ROMANA QUID NON DOMET? SUB JUGO ECCE RAPIDUS ET DANUBIUS.

C'eft ainfi que j'ay trouvé cette infcription dans un Auteur Italien. En voicy fa correction, fuivant l'avis de Monfieur de Lifle, Hiftoriographe du Roy, qui a examiné cet ouvrage, & à qui le Public en a obligation; qu'il a eûë d'une perfonne qui l'a copiée mot à mot fur les lieux, & qu'il faut lire, *Quid non domat, fub jugum ecce trahitur, & Danubius.*

Les Piles de ce beau Pont fe voient encore dans le milieu du Danube. Il fut conftruit entre la Servie, & la Moldavie, un peu audeffus de Nicopoli.

On compte encore pour des Ponts celebres, renommez dans l'Hiftoire, celuy que fit faire Darius fur le Bofphore de Trace. Celuy de Xerxes fur l'Hellefpont, celuy de Pyrrhus projetté fur le Golfe Adriatique, &

de Caligula. Celuy de Cæfar fur le Rhin. *Auct. P. Bertii.*

Les Romains avoient encore à Rome de tres-beaux Ponts fur le Tibre. L'Empereur Adrien fit bâtir le premier, qui eft le Pont Ælius, à prefent le Pont Saint-Ange le plus beau de tous ceux qui font aujourd'huy à Rome, & dont on voit une partie de la figure de ce beau Pont dans la Planche premiere, il fut appellé Ælius du furnom de l'Empereur Adrien, qui s'appelloit ainfi, & qui le fit bâtir auprès de fon Maufolée, à prefent le Château Saint-Ange. On l'appella enfuite le Pont Saint-Ange, à caufe d'un Ange qu'on prétend avoir vû à l'entrée de ce Pont. Il étoit garni audeffus d'une couverture de bronze, fupportée par quarante-deux colomnes.

Le deuxiéme étoit le Pont Triomphal, Planche deuxiéme, qui n'eft plus, & dont on voit les ruines encore dans le Tibre, fur lequel paffoient les Empereurs Romains, & les Confuls à qui on décernoit le triomphe, on ornoit pour lors ce beau Pont de tout ce que l'Art pouvoit imaginer de mieux, on y verfoit des Effences, on y parfemoit des fleurs, les parfums n'étoient point épargnez, le peuple étoit regalé de toutes fortes de liqueurs & de plufieurs mets. Les Dames Romaines furtout avoient le plus de part à tous ces divertiffemens, ou comme meres, ou comme époufes des Vainqueurs. La Mufique, & la Simphonie n'y étoient point oubliées, & tous les autres plaifirs, à l'occafion de cette grande journée, où l'on voyoit paffer les Rois vaincus chargez de chaînes, & attachez au Char du Vainqueur.

Le troifiéme, étoit le Pont Janiculenfis, à prefent Ponte-Sixte, à caufe que le Pape Sixte IV. l'a fait rétablir l'an 1475. Ce Pont étoit anciennement de Marbre.

Le quatriéme, étoit le Pont Cæftius, à prefent le Pont Saint-Barthelemy, qui fut rétabli du temps de l'Empereur Valentinien. On y lit fur un marbre l'infcription fuivante.

DOMINI NOSTRI IMPER. CÆSARES Fl.
VALENTINIANUS, PIUS, FŒLIX, MAX.
VICTOR, AC TRIUMF. SEMPER AUG.
PONT. MAX.

GERMANIC. MAX. ALAMANN. MAX. FRANC.
MAX. GOTHIC. MAX. TRIB. PONT. VII.
IMP. VI. CONS. II. P. P. &c.

FL. VALENS, PIUS, FŒLIX, MAX. VICTOR,
AC TRIUMF. SEMPER AUG. PONTIF. MAX.
GERMANIC. MAX. GOTHIC. MAX. TRIB.
PONT. VII. IMP. VI. CONS. II. P. P. &c.

FL. GRATIANUS, PIUS, FŒLIX, MAX. VICTOR,
AC TRIUMF. SEMPER AUG. TRIB. PONT.
MAX.

GERMANIC. MAX. ALAMANN. MAX. FRANC.
MAX. GOTHIC. MAX. TRIB. PONT. III.
IMP. II. CONS. PRIM. P. P. P.

PONTEM FŒLICIS NOMINIS GRATIANI
IN USUM SENATUS, AC POPULI ROM.
CONSTITUI, DEDICARIQUE JUSSERUNT.

Le cinquiéme, étoit celui qu'on nommoit Fabricius,
ou Tarpeius, à préſent Ponte-Caſpi, ou de las quatro
Capas. Voy. la planche troiſiéme.

Le ſixiéme, étoit le Pont Senatorius, vel Palatinus,
à préſent, di Sancta Maria. Voy. la planche quatriéme.

Le ſeptiéme, étoit le Pont Horatius, Olim-Sublicius,
un des plus beaux Ponts de Rome, & duquel on voit
encore les ruines dans le Tibre, & qui n'a pas été remis.
J'en rapporte l'élevation telle qu'un Auteur Italien la
fait voir dans ſes ouvrages des Antiquitez de Rome.
Voy. Planche cinquiéme, & dont la Figure me paroît
extraordinaire & bizarre, de voir un deuxiéme Pont

naiſſant ſur le premier, & dans un pareil ouvrage y voir appliquer des colomnes, & les autres ornemens de l'Architecture , qui font qu'il reſſemble plutôt à un Portique, ou à un Arc de Triomphe, qu'à un Pont. Ce Pont fut rétabli deux fois du temps des Romains. La premiere, par le Roy Ancus-Martius, avec de la Charpente & des Fers, où il y avoit des Ponts-Levis pour laiſſer paſſer les bâteaux. Et enſuite, fut bâti de pierre du temps d'Horatius Cocles, il fut enſuite refait par Æmilius Lepidus, Preteur ; quelque temps après par l'Empereur Tibere. Il fut encore renverſé ſous l'Empire d'Othon ; fut enſuite rétabli par Antonius Pius.

Le huitiéme enfin , eſt hors de Rome, & audeſſus à deux milles , qu'on appelle Milvius, ou du Molle, ſur la voye Flaminienne. Voy. planche ſixiéme.

Outre ces Ponts des Romains nous en avons des Modernes qui ont leur merite. On peut compter en France ceux d'Avignon, du Saint-Eſprit, & de Lyon ſur le Rône ; le premier eſt abatu, il n'en reſte que quelques Arches du côté d'Avignon. Le deuxiéme ſubſiſte en entier ; on peut dire que c'eſt un des plus beaux Ponts de l'Univers ; on en voit tout en long la Figure dans la planche ſeptiéme , choſe particuliere dans ces trois Ponts, c'eſt que leur plan n'eſt pas en droite ligne ; ſurtout dans ceux d'Avignon & du Saint-Eſprit. L'angle eſt peu ſenſible dans celui de Lyon ; on ne s'en apperçoit pas ; & c'eſt du côté d'amont-l'eau. Mais pour les deux précedens, il eſt certain qu'ils font un angle , ou une eſpece de courbure, dont la convexité s'oppoſe au courant des eaux du Rône, comme ſi par cette diſpoſition cintrée & arc-boutée, l'ouvrage devoit être plus aſſuré à mieux réſiſter au poids & au courant des eaux. Voici l'Hiſtoire de ces trois Ponts qu'il eſt bon de ſçavoir comme veritable , & aſſez particuliere. Voy. le J. de Trevoux.

Le Pont d'Avignon étoit compoſé de 18 Arches , &

long de 1340 pas, faifant environ 500 toifes, fut commencé en 1176, & achevé en 1188. Le fchifme de Benoît XIII. & de Boniface IX. lui fut fatal ; car celuy-là qui tenoit le Siege à Avignon, fit pour fa feureté démolir quelques Arches du Pont en 1385 ; les Habitans d'Avignon en 1410, pour fe délivrer de la garnifon Catalane que Benoît XIII. y entretenoit, firent fauter par le moyen d'une mine la Tour, qui défendoit la tête du Pont.

Le plus grand mal arriva en 1602, que la négligence à réparer une Arche tombée caufa la chute de trois autres. Enfin, en 1670, le froid fût fi violent, que le Rône gêla à porter pendant plufieurs femaines les Chariots les plus pefans. Le dégel furvenu, des montagnes de glace heurtérent contre les piles, les ébranlerent & firent tomber quelques Arches.

Cependant la troifiéme pile du côté d'Avignon avec une Chapelle de Saint Nicolas, qui eft bâtie deffus, s'eft toûjours foûtenuë contre ces accidens.

Saint Benezet qui fit bâtir ce Pont s'appelloit Petit-Benoît, étoit Berger, & n'avoit que douze ans lorfque par des revellations réïterées, le Ciel lui commanda de quitter fon troupeau pour cette entreprife, & qui s'en étant acquitté, bâtit encore le Pont de Lyon. Baronius confirme cette Hiftoire, par une Bulle d'Innocent IV. par d'autres de Clement V. de Boniface VIII. & de Jean XXII.

Monfieur Magne Agricole d'Aix, dit que fur le déclin de la deuxiéme Race de nos Rois, & le commencement de la troifiéme, lorfque l'Etat tomba dans une efpece d'Anarchie, & que les Grands felon l'étenduë de leur pouvoir s'érigerent en Souverains, il n'y eut plus de feureté pour les Voyageurs, furtout au paffage des Rivieres. Ce ne furent que des exactions violentes, & des brigandages. Pour arrêter ces défordres, des perfonnes pieufes s'affocierent, formerent des confraternités qui devinrent un Ordre Religieux, sous le nom des Freres du Pont. La fin de leur Institut étoit de donner main-forte aux Voyageurs, de bâtir des Ponts, ou établir des Bacs pour leur commodité, & de les recevoir dans les Hôpitaux sur les bords des Rivieres. Il se faisoit des Questes dans toute l'Europe, & surtout dans la Chrétienté.

Leur premier établissement fut sur la Durance, en un endroit des plus dangereux, qu'on nommoit pour cette raison Maupas, dans l'évêché de Cavaillon. L'Evêque les favorisa, de même que celui d'Avignon, & dans la suite cet endroit fut appellé Bonpas.

De là sortit Saint Benezet pour aller à Avignon, où il arriva le 13 de Septembre 1116, justement au temps que l'Evêque prêchoit, & tâchoit de fortifier l'esprit du peuple contre la crainte d'une Eclipse de Soleil qui devoit arriver le même jour. Benezet éleva sa voix dans l'Eglise, & dit qu'il venoit bâtir un Pont. Sa proposition fut acceptée du peuple avec applaudissement, mais rejettée avec mépris par les Magistrats, & par ceux qui se croyoient les plus sages. Comme c'étoit alors une action de pieté, & de devotion de bâtir des Ponts, & qu'Avignon se gouvernoit en Republique populaire, le peuple l'emporta, & chacun contribua à la bonne-œuvre, soit de son argent, soit de son travail, sous la direction de Benezet aidé de ses freres ; & qui par le grand nombre des miracles qu'il faisoit, animoit le zele de tout le monde.

Sur la troisiéme pile il fit élever une Chapelle à l'honneur de Saint Nicolas, Protecteur de ceux qui navigent sur les riviéres, que l'on voit encore. Il y fut mis après sa mort, qui arriva en 1184, & son tombeau devint un lieu celebre de pelerinage, où il s'operoit beaucoup de miracles. Il avoit eu soin d'établir une Maison Conventuelle, & un Hôpital, laissant à ses freres celui de continuer l'ouvrage du Pont.

A iv

Dans la fuite & en 1265, ils en entreprirent un autre à Saint Savourin-du-Port, à prefent Pont Saint-Efprit, & s'y établirent avec un Hôpital comme à Bonpas & à Avignon.

Le Pont Saint-Efprit eſt infiniment plus beau & plus hardi que ceux de Lyon & d'Avignon, il eſt compofé de 19 grandes Arches, à ce non-compris fept autres petites. Il a des Arches de 15 à 18 toiſes d'ouverture, tant du plus que du moins qui donnent une longueur de Pont de plus de 400 toiſes, on a un foin tout particulier pour fon entretien qui fe fait avec de gros blots de pierre de taille, dont on entoure les piles, à mefure que ces gros quartiers de pierre coulent à fonds lorfque les eaux dégravoient le pied des piles, on en met d'autres par deſſus ceux qui s'enfoncent, qu'on lie avec de crampons de fer ; de maniere que l'ouvrage eſt toûjours contregardé par cette défenfe. Le Roy a établi un Droit qu'on appelle de Petit-blanc fur le paſſage du Sel qui monte par le Rône pour Lyon, & pour les Traites étrangeres, à raifon de quelques deniers pour chaque minot, qui produit 6 à 8 mille livres tous les ans, uniquement deſtinés pour l'entretien de cet ouvrege.

Le Pont de Lyon fur le Rône a 20 Arches. On remarque de plus à ces Ponts qu'ils étoient défendus, & qu'ils le font encore par des Tours, afin de pouvoir aſſurer leurs paſſages. On peut voir la façade de celui de Lyon dans la planche feptiéme, qu'on appelle Pont de la Guillotiere.

On compte encore en France pour de tres-beaux Ponts modernes, le Pont Royal des Thuilleries. Voy. planche feptiéme. Celui de Toulouſe fur la Garonne. Voy. planche huitiéme, & une autre Arche de celui du Pont Neuf de Paris, dans la planche neuviéme.

Si l'on quitte la France, & qu'on paſſe en Angleterre, on y verra le Pont de Londres. Voi planche dixiéme, J'en rapporte l'élévation d'une Arche telle qu'elle

m'a été donnée. Le Pont de Londres fut commencé
sous Henry II. l'an 1176, & achevé sous le regne de Jean
l'an 1209. Depuis ce temps-là il a été diverses fois brûlé,
détruit par les glaces, & autant de fois reparé. Ce fut
un Prêtre nommé Pierre de Cole-Church qui en fut le
principal Fondateur, & non un Archevêque, comme
quelques-uns l'ont dit. Le Roy & la Ville contribuerent
à la dépense ; ce Pont est de pierre de taille, il a 19
Arches, ou 125 toises de Paris, 800 pieds de long,
& 30 ou de 28 pieds un huitiéme de large, on dit 60 ou
de 57 pieds un quart, car le pied de Londres est les
quatorze-seiziémes de celui de Paris, de haut. Les
deux côtés du Pont sont en partie occupés par deux
rangs de maisons, on a établi un fonds considerable
pour l'entretien, le Pont est perpetuellement battu &
inondé par le flux & reflux de la Mer. Les grands Vais-
seaux qui montent dans la Tamise, ne vont pas audessus du Pont, mais les petits y peuvent passer. Ses piles
sont parfaitement bien contregardées par des créches.

Si l'on passe en Italie, on y verra aussi de tres-beaux
Ponts, on compte pour un tres-beau Pont celui d'A-
lexandre Farnese, Duc de Parme.

Palladio nous donne plusieurs desseins de tres-beaux
Ponts, & rapporte la plûpart de ceux que les Romains
ont fait bâtir, comme celui de Rimini sur la voye Flaminienne ; ceux de Vicense sur la Bachiglione & sur la
Rerone. Il donne de plus deux Ponts de pierre de son
invention qui sont tres-beaux ; le premier est magnifique, sur lequel il ne prétendoit pas que les Voitures
passassent, composé de Loges, de plusieurs ruës, Por-
tiques, Frontons, supportant des statuës de marbre,
ou de Bronze, pour amortissemens à son ouvrage.

Il y a encore un tres-beau Pont à Madrid tout près
d'une des portes de cette Ville, qu'on nomme le Pont de
Segovie, sur la Riviere de Manzanarés.

Dans les Relations du Levant par Poulet, on y trou-

ve que le Pont d'une feule Arche de la petite Ville de
Munfter fur la Narante dans la Botnie, eft d'une conftruction infiniment plus hardie que celle du Pont Rialte
de Venife, qui eft auffi d'une feule Arche, & qui paffe
pour un chef-d'œuvre de l'Art, bâti en 1591, du deffein
de Michel Ange, & d'une portion d'arc qui a plus de 32
toifes de bafe. Il n'y a point de Ville au monde où il y
ait tant de Ponts qu'à Venife : En voici le nombre quartier par quartier.

Au quartier de Saint Paul	37 Ponts.
A celui de la Croix.	35
A celui du Canal Regio.	75
A celui de l'Arcenal.	72
A l'Ifle des Juifs.	9
A celui de Dorfo-Duro.	67
Et à celui de Saint Marc.	44

Total, 359 Ponts.

Une des chofes qui impofe le plus à l'homme, c'eft
un fuperbe Pont fur un grand Fleuve. La hardieffe des
grandes Arches, compofées d'une infinité de petits matériaux, foit de pierres, foit de briques, fi bien unis
enfemble qu'ils forment enfin par leur liaifon & par leur
pefanteur un paffage affuré aux Hommes & à toutes les
grandes Voitures, à traverfer des torrens & des Rivieres les plus larges & les plus rapides.

Les hommes ont imaginé tant de differentes fortes de
Ponts pour fervir à leur commerce, à leur focieté, à
leur feureté, & pour leurs conquêtes qu'on n'a rien
oublié ce femble fur cette matiere. Dans le commencement, & même encore aujourd'hui chez les Peuples les
plus fauvages, où les Sciences & les Arts ne font point
connus, on fe contente d'abatre des arbres au bord
des rivieres qu'ils veulent traverfer, & les couchant à
travers, ils les couvrent de fafcines, & du gazon pour
leur fervir de paffage fur les plus petites rivieres & fur

les ruiſſeaux ; mais d'abord qu'une riviere conſiderable ſe preſente à eux, il faut qu'ils ſe ſervent de leurs Canots pour leur ſervir de Pont au cas ils ne puiſſent pas la gayer, ou bien ſont obligés de faire des radeaux avec des pieces de bois, de roſeaux, &c. liés enſemble. Tous moyens plus ou moins commodes pour traverſer les rivieres en guiſe de Ponts.

On fait des Ponts de tant de manieres, par rapport à la ſituation des lieux, à la néceſſité, & aux matériaux qu'on a à employer, qu'ils ſont plutôt de pierre en certains endroits, & plutôt de charpente en d'autres, à cauſe de la commodité qu'on a de trouver des pierres propres aux premiers, & qu'on n'a que des bois à employer aux derniers. On peut enfin traverſer les rivieres par tant de differentes ſortes de Ponts, que je vay les rapporter toutes ; c'eſt-à-dire, celles qui ſont les plus en uſage.

PALLADIO.

La pratique dans cette ſorte de matiere en enſeigne plus que tous les Livre. Palladio eſt le ſeul qui traite plus au long des Ponts. Tout ce qu'il dit en general ſe réduit à faire connoître que les Ponts ſont les principales parties d'un chemin, qu'il eſt ſurprenant de voir qu'ils forment proprement un chemin ſur l'eau, & que les proprietés d'un Pont ſont, 1°, d'être bien dreſſez, 2°, commodes, 3°, durables, 4°, & enfin bien ornés.

Les Ponts ſont bien dreſſés, lorſqu'ils ſont placés ſur la Riviere quarrément, & non de biais ou en écharpe, & qu'ils ſont bien allignés.

Les Ponts ſont commodes lorſqu'ils ſont de niveau au grand chemin qui y aboutit, ou que les rampes ſoient douces & imperceptibles, & la voye large. Ils ſont de durée lorſqu'ils ſont bien fondés & conſtruits ſelon l'Art avec de bons matériaux, & enfin ils ſont bien ornés lorfqu'on les décore fuivant les regles & le bon goût de l'Architecture qui convienne à des ouvrages ruftiques, & à de maffes lourdes & pefantes de maçonnerie dont on conftruit les Ponts.

Palladio donne encore d'autres préceptes, mais qui n'ont pas lieu dans toute forte de Ponts pour en faire une regle generale. Il faut fe conformer bien fouvent à la fituation des lieux, & aux paffages pour y établir les Ponts, quelques difficultés qu'on y rencontre, au lieu que Palladio dit que pour conftruire un Pont, il faut, 1°, choifir l'endroit de la Riviere où l'eau foit la moins profonde, afin qu'il foit de durée, & où le fonds foit égal & ferme, comme de Roc & de Tuf. Il faut éviter, 2°, les endroits où l'eau tournoyant fait des gouffres & des tourbillons, & où le fonds eft de fable & de gravier, parce que ces matieres font facilement emportées par la violence des grandes eaux qui changent ordinairement le lit de la Riviere, & qui fappent les fondemens des piles, & caufent fouvent la ruine des Ponts. 3°, Et enfin, il faut que le fil de l'eau foit droit & fans coudes ou finuofités dans les rivages, parce que ces détours venant avec le temps à être détruits par la force du courant les Ponts, deviennent comme ifolés, & fans épaules, outre qu'il s'amaffe en ces endroits mille ordures que la riviere y châríe, & qui s'arrêtant au bout des piles, bouchent à la fin l'ouverture des Archs.

Toutes les difficultés que rapporte Palladio fe rencontrent bien fouvent aux endroits où l'on veut projetter un Pont. C'eft à l'habileté de l'Architecte de les furmonter par l'Art, car il peut s'y en rencontrer encore davantage. On n'auroit pas moins fait le Pont Neuf, & celui des Thuilleries aux endroits où ils font placés, quand tout cela s'y feroit trouvé. Mais quand on peut opter, c'eft tres-bien fait de fuivre ce que dit Palladio.

Après cela cet Auteur dit qu'il y a de deux fortes de Ponts, dont les uns font de bois, & les autres de pierre, que je vay rapporter.

Celui qui est fait sur le Torrent appellé Cismone au pied des Alpes, entre les Villes de Trente & de Bassane, en Italie, est formé par six travées égales, & porte entierement en l'air sur une longueur de près de 17 toises, entre les culées bâties sur ses bords. Les pieces qui composent ce Pont, voy. Planche 12 Figure 1re, sont cinq poutres ou sommiers de 12 pouces de gros, & autant longues que le Pont est large, disposées suivant le fil de l'eau, paralleles entre elles, & éloignées à distances égales de 16 à 17 pieds l'une de l'autre. Chacun de ces sommiers porte à chaque bout un poinçon droit auquel il est attaché par des étriers, ou des clefs de fer, que Palladio appelle des harçons bien cloüés par un de leurs bouts au poinçon ; & passant par l'autre au travers du sommier sur lequel ils sont arrêtés par de bonnes clavettes ; les poinçons sont assemblés par le haut dans trois pieces de bois qui embrassent chacune trois de ces poinçons, celles des bouts s'appuyant de chaque côté sur les culées, contrebutent en montant contre celle du milieu, laquelle s'étend parallele au niveau du Pont. Les mêmes poinçons se tiennent par le pied à des sablieres qui portent les gardefous de la longueur du Pont. Le poinçon du milieu & ceux qui sont près des culées, sont encore contrebutés à leur sommet par des bras, ou contrefiches, assemblées aux pieds des autres poinçons. Les solives couchées en long sur les poutres, & recouvertes font le plancher & le chemin du Pont, dont la force consiste en l'assemblage de ses parties, laquelle s'augmente en se resserrant, d'autant plus que la pesanteur des fardeaux qui traversent le Pont, est grande, & la tiennent plus en raison. La commodité en est aussi considerable, en ce qu'il n'y a point de rampe, & qu'il continuë sur le niveau des chemins qui y aboutissent.

Palladio dit qu'il n'y a point de Pont fait suivant la deuxiéme maniere. Voy. planche 12 fig. deuxiéme, quoi-

qu'on l'ait affuré qu'il y en a en Allemagne. En effet,
Monfieur Blondel qui rapporte tout ce que Palladio dit,
affure en avoir vû un pareil à Nerva, Ville qui appartient au Roy de Suede, fur le Golfe de Finlande, au
fonds de la Mer Baltique. Les divifions de la longueur
du Pont font en nombre pair, afin qu'il y ait un poinçon
& un fommier au milieu,

L'affemblage du troifiéme. Voyez la Planche douziéme
Figure troifiéme, eft enfermé dans un Arc du Cercle furbaiffé. Les divifions font en nombre impair, il y a de
chaque côté une longue contrefiche engagée par le bout
d'enbas dans le mur de la culée.

La quatriéme maniere. Planche douziéme Figure
quatriéme, eft faite en forme de voute, ou de cintre,
& les affemblages entre deux poinçons, font difpofés
comme des vouffoirs. Les divifions font en nombre impair, afin qu'il y ait un vouffoir dans le milieu qui ferve
de clef. La longueur des poinçons doit être la onziéme
partie de la largeur de la Riviere. Chaque poinçon doit
fuivre le centre du Cercle qui fait le Pont. Les pieces
d'enhaut & d'enbas font toutes paralleles, contrebu-
tées aux deux bouts par des bras, ou contrefiches pofées
en Croix de Saint André. Les poinçons des deux extrémités doivent être bien arrêtés fur les culées, & pofés
dans toute leur longueur fur le maffif.

Si l'on fuppofoit, dit Monfieur Blondel, pardeffous
ce deffein un autre affemblage, égal à celui de ce Pont,
l'ouvrage en feroit infiniment plus fort.

C'eft fur cette penfée qu'on avoit projetté de faire un
Pont fur la Seine vis-à-vis de Seve audeffus de Saint
Cloud, pour abreger le chemin de Verfailles.

A l'égard des Ponts de pierre, Palladio y obferve
quatre chofes, 1°, les têtes des Ponts ou les Culées, 2°,
les piles, 3°, les Arcades, 4°, & le pavé qui eft fait fur
les Arcades.

Les culées doivent être tres-folides, les faire aux endroits où les rivages font de Roc, ou de Tuf, ou de bon terrain, autrement il faut les affurer par l'Art, par d'autres piles, & par d'autres Arches.

Les piles doivent être en nombre pair, afin qu'il y ait une Arche au milieu, où est ordinairement le plus grand courant de l'eau. Ce qui rend l'ouvrage plus fort, plus égal, & plus agréable à la vûë; il faut les fonder dans la faifon de l'année, pendant laquelle les eaux font les plus baffes, comme en Automne; & fi le fonds eft de Roc, ou de Tuf, ou de bon terrain pierreux, on y mettra les premieres affifes des fondations, fans creufer davantage. Mais s'il eft de fable ou de gravier, il fera bon de l'ôter jufqu'à ce que l'on trouve un fonds folide; ou fi la chofe eft trop difficile, il faut au moins en ôter une partie & piloter le refte. Il faut avoir auparavant fermé le côté de la Riviere où l'on doit travailler avec des bâtardeaux, & lui laiffer la liberté de fon cours par l'autre.

Les piles ne doivent pas avoir moins en groffeur d'une fixiéme partie, ni ordinairement plus du quart de la largeur de l'Arcade; leur ftructure doit être de gros quartiers de bonne pierre bien liés enfemble avec des Crampons de fer, ou de métail, afin qu'au moyen de cet enchaînement elles foient comme d'une feule pierre. On a accoûtumé de faire des avances ou faillies au bout des piles à Angles droits, & quelquefois en demi Cercle pour mieux fendre l'eau, & refifter aux coups des arbres, & des autres chofes que la riviere charrie lorfqu'elle eft groffe.

Les Arcs doivent être faits de pierres fort longues & bien jointes; les plus forts font ceux qui font à plein cintre, parce qu'ils portent entierement fur les piles fans fe pouffer les uns les autres.

Quand on eft contraint par la trop grande hauteur, on peut les faire à Arcs diminués ou furbaiffés, en forte que leur hauteur à plomb fur la ligne de leur corde foit le tiers de la même corde ; auquel cas il faut extrémement fortifier les Culées.

Après cela Palladio donne les desseins de quelques Ponts antiques, ou de son invention. Le premier, est celui de Rimini bâti par Auguste sur une Riviere de 29 toises de large, fait de cinq Arches, dont les trois du milieu sont égales, & de 25 pieds chacune, & les deux autres seulement de 20 pieds ; les Culées sont chacune de 7 pieds & demi, les piles sont de 11 pieds ; leurs avant-becs à Angles droits ; les Arches à plein cintre ; le Bandeau a de hauteur un dixiéme de la largeur des Arches. La saillie des piles ne monte pas plus haut que l'imposte, audessus de laquelle il y a des tabernacles, & des niches pour placer des statuës. L'ouvrage dans toute sa longueur est couronné d'une Corniche élevée audessus du Bandeau à une hauteur égale a celle du même Bandeau, & d'un parapet audessus, orné de son Zocle, de sa Base & de sa Corniche, de travail Toscan & massif.

Il fait ensuite la description du Pont qui est sur la Bachiglione, de 16 toises de large, composé de trois Arches, chacune de 22 pieds & demi ; les Culées ont 3 pieds & demi de large, & les piles 5 pieds. Les avant-becs à Angles droits. Les Arcs sont surbaissés & leur Fleche, ou leur hauteur est un tiers de la même Corde, tant à l'Arche du milieu qu'aux autres deux. L'assise de pierre sous les Coussins a assez de saillie en dedans des Arches pour soûtenir les Tirans des Cintres. La hauteur du Bandeau est égale à un douziéme de la largeur de son Arche. L'espace au droit de la Clef de la grande Arche, entre le Bandeau & la Corniche qui regne dans toute la longueur du Pont, est égal à la moitié de la hauteur du Bandeau. La Corniche a des Modillons comme le précedent.

Voici le Pont sur la Rerone dont il fait aussi le détail, & où la Riviere a aussi 16 toises de large ; le Pont est composé de 3 Arches ; celle du milieu est de 29 pieds, les

deux

deux autres de 25 chacune ; les Culées n'ont que 3 pieds
& demi , & les piles 5 pieds, leur saillie à Angles droits;
les Arcades surbaissées ; les Bandeaux ont la même proportion que cy-devant. Le Parapet est couronné d'une
Cymaise.

Palladio donne encore un dessein de Pont à sa maniere, sur une Riviere qui a 30 toises de large, entre les deux
Bajoyers des Culées , ne fait que trois Arches ; celle du
milieu de 10 toises , & les deux autres chacune de 8, les
piles ont 2 toises ou un cinquième de la largeur de la
grande Arche ; elles sortent hors du vif de la largeur
du Pont , afin d'avoir plus de force pour résister à la
violence du courant , & à Angles droits. Les Arcs sont
surbaissés , & leur hauteur à plomb sur l'imposte est le
tiers de leur largeur. Le Bandeau a un dixseptième de
la largeur de la grande Arche , & un quatrième de celles des petites , le tout couvert d'une belle Corniche
& Parapet.

ALBERT.

Leon-Baptiste Albert dit , que les parties d'un Pont
sont les Piles , les Arches , & le pavé audessus. Le haut
du Pont a son grand chemin pour le passage des bêtes &
des chariots , & ses paliers ou banquettes à chaque côté , pour la commodité des gens à pied , fermées au dehors par leurs appuis ou parapets. En quelques endroits
les Ponts sont couverts , dit-il , comme étoit autrefois
le Pont d'Adrien à Rome , appellé maintenant le Pont
Saint-Ange , qui étoit le plus beau , & le plus superbe
de tous , & dont il ne pouvoit voir les ruines sans ve-
neration.

Pour la structure d'un Pont , il faut lui donner , dit-
il , la même largeur qu'au grand chemin qui y aboutit.
Les piles doivent être pareilles en nombre & en grandeur. Leur largeur doit être le tiers de celle de l'ouver-

B

ture de l'Arche. Il faut contre le courant de l'eau faire
des avances fur les piles en forme de Proües de Galeres,
qui ayent en faillie la moitié de la largeur de la même
pile, & qui foient élevées audeſſus des eaux les plus
hautes. Il en faut faire autant de l'autre côté aval l'eau
en forme de poupes, qui ne feront pas defagréables, ſi
leurs pointes font coupées, ou plus émouſſées que les
autres. Il n'eſt pas mal, dit-il, qu'au droit des avances
il y ait de chaque côté des contreforts, ou pilaſtres,
montans juſqu'au haut du Pont pour mieux foûtenir les
flancs ; & leur largeur par le bas ne doit pas être moindre que les deux tiers de celle de la pile ; l'impoſte
de l'Arche doit être entierement hors de l'eau. Les ornemens de l'Architecture Ionique, ou plutôt Dorique.
Leur hauteur aux Ponts confiderables ne doit jamais
être moindre que d'un quinziéme de la largeur de l'ouverture.

Pour donner plus de grace aux Appuis ou Parapets ; il
faut, dit-il, difpofer par efpaces égaux des pied'eſtaux
quarrés, à la regle & à l'équerre, fur leſquels on peut
aſſeoir les Colonnes pour foûtenir la couverture, ſi l'on
veut que le Pont foit couvert. La hauteur de ces Appuis,
avec leurs Baſes & leur Corniche, doit être de quatre
pieds. Les efpaces entre les pied'eſtaux doivent être
fermés d'un Mur avec les mêmes ornemens. La Corniche
ne doit être que d'un Talon ou d'une Cymaiſe qui regne
dans toute ſa longueur, leur Baſe a les mêmes ornemens renverſés & poſés fur un Zocle. Les Paliers ou
Banquettes des côtés doivent être élevées d'une marche
ou de deux audeſſus du pavé du milieu. La hauteur des
Colonnes qui foûtiennent la couverture, doit être égale,
avec fon entablement, à la largeur du Pont.

SERLIO.

Serlio rapporte qu'au Pont Sixte les piles ont le tiers

de la largeur des grandes Arches ; l'Arc plus grand que le demi Cercle de la hauteur d'un sixiéme du diametre. Le Bandeau de l'Arc, a dans sa plus grande hauteur un douziéme de la même largeur, la Corniche est un quinziéme ; les piles à Angles aigus sur dés avances à empatemens.

Au Pont Saint-Ange les piles ont la moitié de la largeur de la grande Arche qui est à plein-cintre. Le Bandeau a de hauteur un neuviéme du diametre de l'Arche. Les piles portent sur un grand soubastement en forme de Zocle quarré, élevé de quelques pieds sur le niveau ordinaire de l'eau, par saillie en dehors tout à l'entour de la pile. Son Eperon en demi Cercle qui qui monte jusqu'à la moitié de l'Arc, un pilastre quarré audessus, son parapet avec des pied'estaux à distances égales qui servoient à soûtenir, suivant le sentiment d'Albert, les 42 colomnes qui portoient la couverture du Pont. Les Arches étoient à plein Cintre.

Le Pont de Quatro-Capi, autrefois Fabritius, que l'Auteur rapporte, dont il ne reste que deux Arches qui sont égales, & à plein Cintre, a la pile de la largeur de l'Arche, avec un Eperon arondi, une niche audessus. Le Bandeau des Arcs est rustique; & sa plus grande hauteur, est un dixiéme de la largeur de l'Arche.

Le Pont Milvius a les Arches à plein Cintre, portés sur des impostes à hauteur du tiers de leurs diametres; les piles ont la moitié de la même largeur, leurs avantbecs en demi Cercle, le Bandeau des Arcs n'est qu'une plinte, sa hauteur est un dixiéme du diametre de l'Arche, sur les piles il y a des Niches sans ornemens.

BLONDEL.

Feu Monsieur Blondel de l'Academie Royale des Sciences, cet habile homme, a fait bâtir à Xaintes sur la Charente, jusqu'où est porté le reflux de la Mer, un

Pont de pierre ; ce fut en l'an 1665, les piles de ce Pont
font comme 3 à 8, par rapport à leur largeur, à la
comparer à l'ouverture des Arches ; la pile du bout vers
le Pont-levis, & qui fert de Culée, a un fixiéme de largeur de plus, à caufe qu'elle doit foûtenir de ce côté, la
pouffée de tous les Arcs, qui font à Cintre baiffés, afin
de mettre la hauteur des impoftes audeffus des eaux ordinaires de la Riviere, fans rien alterer au niveau du
vieux Pont.

C'eft là tout ce que les plus habiles Architectes nous
ont donné par écrit de la proportion des Ponts, mais
pour nous donner des raifons démonftratives, perfonne ne l'a pas fait encore ; ils ne l'ont pas fait même du
Fuft de leurs Colomnes ; quelques mefures qu'ils nous
donnent des uns & des autres, qui fervent à nous conduire pour les imiter, ils ne nous donnent aucune raifon pourquoi ils ont fait la chofe ainfi, plûtôt d'une façon que d'une autre.

Les plus habiles Architectes ne conviennent même
pas entr'eux, & enfemble des proportions qu'ils donnent aux bâtimens, non feulement par rapport à leur
folidité, mais même par rapport à leurs ornemens ; tant
il eft vray que les Arts & les Sciences font encore bien im-
parfaits. Tout cela dépend d'un certain goût, de certaines
idées que les hommes ont differentes les unes des autres
& en differens fiécles, qui fert fans pouvoir en donner
aucune raifon, que la chofe paroît plus belle & meilleure aujourd'hui qu'elle ne l'étoit il y a cent ans ; tout
fe reforme & change ; il en eft de même de la matiere
des Ponts. Autant d'Architectes, autant d'avis differens.
On le voit par rapport à tout ce que j'ay rapporté cy-devant d'eux ; ils ne nous donnent aucune raifon pourquoi
ils font les Piles, les Culées, les Arches, &c. d'une
telle largeur, ou d'une telle épaiffeur, & ceux qui travaillent aujourd'hui fur les exemples des Anciens, ne
fçavent pas non plus pour quelle raifon ces Auteurs ont

travaillé aînsi. On se conduit seulement par des idées
qu'on ne peut pas démontrer, mais qui paroissent assez
vraisemblables pour pouvoir être suivies, à l'exemple de
tant d'autres qui ont réüssi ailleurs, & où l'on dit que
l'ouvrage est beau & solide ; parce que les proportions
entre les parties qui le composent, y sont observées.
Comme je cherche sur cette matiere, pour n'avoir pas
pû trouver de quoy me satisfaire & me convaincre sur
tout ce que l'on a dit jusqu'ici ; j'ay publié là-dessus mes
doutes, dans les cinq Difficultés que j'ay proposées aux
Sçavans à resoudre, que j'ay inserez à la fin du Traité de
la Construction des Chemins, & à la fin de celui-ci, où
chacun pourra les voir, pour tâcher d'en avoir la solu-
tion, & que le Journal des Sçavans a rapportez encore
en Août 1715 ; j'y ferai de mon mieux d'abord que mes
occupations me le permettront. Il seroit à souhaiter que
quelque habile homme s'en mélât, pour resourdre ces
Difficultés, afin de les rendre aisées au Public.

Monsieur de la Hire de l'Académie Royale des Sciences, y a travaillé ; mais ceux qui ne sont pas aussi sçavans
que luy, n'y peuvent rien comprendre, pour ne sçavoir
pas l'Algebre ; il s'est énoncé avec les termes abstraits de
cette Science, que les Ouvriers & les demi Sçavans ne
connoissent pas, & par conséquent qu'ils n'entendent
pas, pour en pouvoir profiter.

CHAPITRE II.

De la division des Ponts.

LEs Ponts sont, ou de maçonnerie entierement,

Ou de maçonnerie & de charpente,
comme sont ceux où les piles sont maçonnées, & le passage d'une pile à l'autre est
une travée de poutrelles ;

E iij

Ou bien de Charpente seulement.

Il y a encore plusieurs autres sortes de Ponts particuliers, comme sont,

1°, Les Ponts flotans.

2°, Les Ponts volans.

3°, Les Bacs.

4°, Et enfin les Ponts-levis, qui sont ou à une fleche, ou à deux, ou à bascule, ou à coulisses, ou tournans, &c.

De toutes ces manieres différentes, on en parlera en particulier dans la suite.

Mais comme on ne peut pas connoître toutes les différences de ces Ponts, sans détailler les parties qui les composent, & les moyens dont on se sert pour parvenir à les projetter & à les établir ; je vais proposer celles qui sont les plus absolument necessaires, parce que connoissant celles-ci, la raison, le sens commun, l'étude de la Geometrie, la Physique, les Mécaniques, l'Architecture, & l'expérience, feront connoître les autres.

CHAPITRE III.

Les noms des parties des Ponts faits de Maçonnerie.

1. UN Pont de Maçonnerie, quel que ce soit, a deux Culées, qui sont ses deux extremités, faites avec des murs de renforts, quelquefois contre des rochers, ou des terrains propres à soutenir l'effort des poussées des Arches, suivant la disposition des lieux.

2. Les Ponts ont une ou plusieurs ouvertures propres à laisser passer les eaux des Rivieres, projettées assez grandes pour recevoir toutes les eaux des inondations ;

qu'on appelle Arches dans les grands Ponts, Arcades dans les Aqueducs, & Ponts-Aqueducs ; audessus desquels on fait passer quelque conduite d'eau ; & Arceaux dans les Ponceaux qu'on fait sur des Ruisseaux, sur des Fossés, ou sur des Canaux.

3. Les Piles sont ce qui sert d'appuy à supporter les Arches, dont plusieurs sont sans Avant-becs & sans Arriere-becs, & quelques-unes ont des Avant-becs, sans Arriere becs, quand elles sont fondées sur le roc, où l'on ne craint point le dégravoyement.

4. Les Avant-becs des Piles, qu'on divise en Avant-becs & Arriere-becs, ou Avant-bec d'Amont, & Avant-bec d'Aval ; dont celui d'Amont est fait pour diviser les eaux à passer sous les Arches, à briser les glaces, & à détourner les arbres & autres choses, pour éviter leur heurtement contre les Piles ; & celui d'Aval pour interrompre le bouillonnement des eaux, & leurs cours rapides, après qu'elles ont passé sous les Arches, & leur faire suivre leur droit fil.

Toutes ces choses se font si differemment dans toutes sortes de Ponts, par rapport à la matiere, à la situation des lieux, à la butée plus ou moins grande, à la pesanteur des corps, & au bon & mauvais fonds qu'on rencontre, qu'on les déduira toutes en particulier dans la suite de cet Ouvrage.

Les Ponts ont encore plusieurs autres parties, qui ne sont pas autant essentielles comme les quatre que nous venons de nommer. Ce sont les Gardefols, les Banquettes, les Bouterouës, les œils de Pont, & tous les ornemens dont on peut se servir pour les décorer, &c.

CHAPITRE IV.

Les noms des parties des Ponts de Charpente.

CE qu'on appelle Pile dans un Pont de pierre, est nommé ici Palée, qu'on fait avec un, deux, & trois rangs de fil de pieux ; qu'on lierne, ou qu'on moise, &c. suivant le plus ou le moins d'usage qu'on en veut faire.

La Culée est appellée également Culée en un Pont de bois, comme en un Pont de pierre ; & les pieux dont la Palée & la Culée sont composés, sont couronnés & coëffés d'un gros Sommier ou Travon, pour supporter les differentes Travées, qui font à un Pont de bois un effet semblable à celui que les Arches ou Arceaux font à un Pont de Maçonnerie.

Les Poutrelles dont les Travées sont composées de differens cours à l'usage des Ponts de bois, servent comme à la place des Roussoirs qu'on employe dans les Ponts de Maçonnerie ; & dont les entrevoux de ceux-ci sont recouverts de grosses Planches ou Madriers, qu'on appelle Dosses, & improprement Couchis, à cause qu'elles servent à porter le Couchis de sable, quand on pave l'Aire d'un Pont de bois.

Les Poutrelles d'un Pont sont ordinairement soulagées & tenues en raison sur des Plateformes ou Soûpoutres, qui portent sur les Travons & les Plateformes par des Contrefiches ou Bras qui portent sur les Moises des Palées, & sur les pieux ; & les Moises enfin sont soulagées par des Chantignolles & des Boulons. C'est ainsi que les unes ont liaison avec les autres ; & que toutes jointes ensemble portent la charge du Pont.

Outre ces parties, il y a celles qu'on nomme Pieces

de Pont, qu'on met en rang des Dosses, de deux en deux toises, ou de trois en trois, mais plus longues, qui servent à porter & à entretenir les Poteaux d'appuy des Lisses & les Liens, les Garde-couchis, ou les Dosses de bordure, qui servent à entretenir les bords des pavés; & les Guettes, Guettrons, Croix de Saint-André, & Entretoises, qui supportent la Lisse, & l'entretiennent differemment par differentes décharges.

On pave l'Aire des Ponts de Charpente, mais c'est toujours beaucoup mieux en observant de mettre le ruisseau au milieu, plûtôt que de donner une forme bombée au pavé, à cause que cette disposition arcboute si fort les Dosses des bordures, les Tenons & Mortoises, les Poteaux d'appuy, & des Entretoises, qu'elle les force sans cesse, & les ruine bientôt; d'autant plus que l'écoulement des eaux des pluyes y entraînant beaucoup de boue, cela leur entretient une humidité qui les pourrit bientôt. Il seroit infiniment mieux de faire un Pavé tout uni à un Pont de Charpente, & le couvrir d'un Toît à deux égoûts, pour éviter la pluye; que cela le conserveroit beaucoup, & pendant longues années; au lieu qu'il faut être sans cesse aprés à y faire des réparations. Ces Ponts ainsi couverts serviroient de retraite aux passans en temps de pluye. On prétend qu'ils serviroient aussi à retirer les Brigans, & c'est pour cette seule raison qu'on ne veut pas qu'on les couvre. A tout cela il y a bien des choses à dire pour & contre, que je ne rapporte pas, comme étant plûtôt du fait de la Police, que de celui d'un Auteur, qui ne doit se mêler que de la matiere qui fait son sujet.

On voit les parties d'un de ces Ponts de bois couverts, dans la Planche 13, Figure 2, construit par Palladio à Bassano au bas des Alpes, aux confins de l'Italie, sur la Riviere de Brenta, qui se va jetter dans le Golfe de Venise. Le Pont est de 180 pieds de long, ou de 32 Toises de Paris, qu'il divise en cinq parties égales, qui font quatre rangs de Palées distantes les unes des autres de 34 pieds & demi, ou de 36 pieds, qui font six Toises quatre cinquiémes de Paris, car le Pied de Venise contient 153 lignes & un quart du Pied de Paris. Il rapporte toutes les autres principales mesures de cet Ouvrage.

L'autre Pont, Planche 13, Figure premiere est de l'invention de Mathurin Jousse. Ce Pont est à deux étages ; le plus bas peut servir pour le passage des Chariots, & pour la Cavalerie, & celui au dessus pour l'Infanterie. Les Piles ont deux Toises de large, & l'espace d'une Pile à l'autre est de cinq Toises & demie.

Le dernier imaginé, que je donne pour projet, est propre à traverser une Riviere qui a depuis vingt-deux à vingt-cinq Toises de large, où les Bateaux peuvent commodément passer, & dont les Culées sont élevées jusqu'à l'Aire du Pont, [Planche 17, Figure premiere,] qu'on a supposé de niveau.

CHAPITRE V.

Des projets des Ponts.

IL y a tant de choses à sçavoir pour l'execution d'un Pont, soit de Charpente, soit de Maçonnerie, qu'il est bien difficile de trouver un homme qui les possede toutes également bien. On est encore trop heureux quand dans un Ouvrage de consequence on rencontre plusieurs hommes ensemble, qui sçavent bien entr'eux tout ce qui y convient le mieux. On ne sçauroit trop priser un habile Charpentier, non plus qu'un habile Appareilleur. Ces deux personnes sont pour l'ordinaire la tête, les Ouvriers les bras, & l'Ingénieur ou l'Inspecteur bien entendu, l'ame de l'Ouvrage, pour

concilier enfuite les affaires, foit pour la prompte execution, foit pour la bonne maniere : & je foutiens qu'il
n'eft pas poffible que ce Conducteur, qui fera un Ingénieur ou un Architecte, ou un Infpecteur, foit habile,
& que l'on puiffe compter fur luy, s'il ne fçait la manœuvre qu'on doit tenir pour faire l'Ouvrage. Il n'eft
pas poffible non plus qu'il fçache cette manœuvre, s'il
ne connoît les parties & les materiaux qui le doivent
compofer ; & cela a tant de liaifon avec les *Outils*, les
Echafaudages, les Sondes, les Machines pour tirer &
enlever de gros fardeaux, les Chapelets, les Vis fans
fin, les Hollandoifes, les Puits à rouë, les Pompes &
les Bacquets qu'on employe pour épuifer les Fondations, les Bâtardeaux de tant de manieres, les Encaiffemens, la maniere d'anter les pilots, les grandes Tarieres pour forêter les rochers felon leur confiftance, les
Cintres, les Affemblages, la Coupe des pierres, &
une infinité de chofes qu'on ne peut pas prévoir ; qu'il
eft certain que dans l'execution d'un Pont confiderable,
on doit eftre univerfel, & n'ignorer rien du métier de
l'Architecte, qui fuppofe la connoiffance de toutes ces
chofes, fi l'on veut réuffir.

Je vais donner par ordre, des Mémoires de toutes ces
chofes en particulier, en projettant un Pont, fuivant
l'expérience que j'en ay.

Lorfqu'on projette un Pont, on doit commencer,

1°, Par lever un plant du local qui foit fort jufte ; ce
plan marquera précifément l'étendue de l'eau, celle des
graviers, s'il y en a, les bords de la Riviere, & les chemins ou les ruës qui aboutiffent à ce Pont.

2°, On projette fur ce plan le Pont en queftion, foit
de Maçonnerie, foit de Charpente, avec la quantité
d'Arches & de Piles ou de Palées, & de Travées. On
pofe toujours quarrément le Pont fur la Riviere qu'il
doit traverfer ; & jamais de biais, à caufe de la fauffe
équerre de la coupe des pierres qui portent à faux.

3°. On trace fur ce plan une ligne qui coupe le Pont par le milieu, & on en fonde la profondeur de l'eau de toife en toife, ou de deux en deux, de trois en trois, comme la neceffité le demande le plus. Le fondage fe fait ou avec une perche qu'on divife en pieds, au bout de laquelle on fcelle un poids de plomb convenable, fi le courant de l'eau le demande. Au défaut de cela, on fe fert d'un Boulet de Canon attaché au bout d'une corde, qu'on a auparavant divifée en pieds & en toifes; ou bien d'un gros poids de Romaine, d'un gros caillou au défaut du Boulet de Canon, qu'on met dans un petit fac, pour être plus fûrement attaché au bout de la corde. On fe fert de plufieurs moyens plus ou moins propres, fuivant la rapidité de l'eau que l'on a à furmonter. Tout cela fe fait par le moyen d'un Bateau, qu'on fait conduire auffi de différentes manieres, ou par un cable qui traverfe la Riviere, ou par d'autres cordes que l'on amare au bord à des arbres, ou à des piquets que l'on a plantés expreffément, autour defquels on paffe plufieurs fois le cable pour le retenir, & qu'on lâche à mefure qu'on en a de befoin, pour faire aller le Bateau plûtôt d'un côté que d'un autre.

4°. Les fondes de l'eau étant faites & rapportées fur le plan, elles fervent pour dreffer le profil de la Riviere, qui marquera au jufte la hauteur de fes bords, la profondeur de l'eau qu'on aura trouvée, & la ligne deffous l'eau, foit qu'elle foit gravier ou rocher, à quoy il faut avoir attention, & en marquer la différence fur le profil.

5°. Le profil ainfi levé, doit fervir à faire faire une Sonde de fer de la longueur qu'il convient, pour fonder audeffous de la profondeur de l'eau, le gravier ou le fable qu'on y trouve; & on ne peut s'affurer encore de rien jufqu'ici, qu'on ne fçache cette profondeur: & pour cela on fe fert de deux moyens, ou d'une Sonde de fer, qu'on fait faire expreffément, qui a en tête pour couronnement un gros anneau, au travers duquel on paffe les bras d'une Tariere plus ou moins grand, pour la tourner ; elle a audeffus une tête pour pouvoir la battre & la faire entrer jufqu'à un fonds de confiftance au travers & audeffous du gravier. Elle a outre cela fon bout barbelé fait en pointe à quatre angles, de maniere qu'ayant été enfoncée jufques fous le gravier, & dans partie du roc, ou dans le terrain de confiftance qu'on a trouvé audeffous du gravier ; on la tourne à plufieurs reprifes, pour emporter dans fes barbelures quelque petit brin du terrain de confiftance qu'elle a rencontré, qu'on retire enfuite, & que l'on rapporte pour le reprefenter dans le Mémoire que l'on dreffe pour cela, afin de fçavoir quel eft ce terrain. Il y a des Sondes d'une autre maniere, qui ont une petite poche comme un Limaçon au bout en forme de Tariere, laquelle ne prend point du fable en la tournant fuivant un fens, & qui prend du terrain audeffous du fable où on l'a pouffée en la tournant d'un autre. Les Sondes font toutes-d'une piece, pour être plus fûres, quand on le peut ; quelquefois elles s'ajuftent fuivant la facilité du terrain qui le permet ainfi ; quelquefois elles ne fervent de rien, furtout quand le gravier eft trop gros, & qu'il s'y rencontre de gros cailloux que la Sonde ne peut pas écarter. Pour lors on fe fert d'un pieu de Chêne arondi, fait de brin d'arbre le plus droit, de 3, 4, 5, à 6 pouces de diametre, que la profondeur du terrain à fonder détermine, qu'on arme d'une lardoire au bout, pour pouvoir écarter les cailloux, & d'une frete à la tête pour pouvoir refifter aux coups de la Maffe, d'un, deux à trois manches, avec laquelle on enfonce la Sonde.

Tout cela ne fe peut faire fans beaucoup de foins & de circonfpections, & fans quelque dépenfe ; mais auffi on a la fatisfaction de bien faire, & de rapporter fidelement fur le profil la profondeur du fable ou du gravier que l'on doit piloter, ou que l'on doit enlever pour la fondation des piles, afin d'y asseoir les bâtardeaux convenables; & tant qu'on ne sçait pas cette profondeur; on ne peut point projetter un Pont; on ne voit point clair, on ne peut pas en dresser l'état de dépense, puisqu'on ne sçait pas jusqu'où porteront les bois, ni quelles précautions on peut prendre pour la sureté de l'Ouvrage.

6°, Quand on a reconnu la consistance de tous les terrains, sable, terre-glaise, roc, &c. on travaille sûrement sur le profil qu'on en a fait; on y dresse le projet du Pont, soit qu'il soit de Maçonnerie, soit qu'il soit de Charpente; & on sçait pour lors quelle profondeur doivent avoir les pilots & les pieux qu'on y enfoncera, pour en faire l'estimation, & pour en marquer la grosseur par rapport au plus ou au moins qu'on a à fonder.

7°, Cela étant fait; on s'informe des Voisins des lieux, de la hauteur des plus hautes inondations, que la mémoire des plus anciens du pays peut rapporter, & l'assurer par leur âge. On doit faire des marques à cette hauteur, & supposant trois pieds audessus pour être l'intradosse des Arches du Pont qu'on veut projetter, ou bien la Travée des poutrelles d'un Pont de bois qui est le même; on regle l'Ouvrage en sorte que l'on sçait jusqu'où les plus hautes inondations peuvent arriver, & jusqu'à quelle profondeur on peut porter les fondemens des piles & des palées.

8°, On s'enquête enfin après, des materiaux qu'on doit employer pour faire l'Ouvrage.

Pour un Pont de pierre.

On s'informe d'où l'on peut prendre la pierre de taille, son éloignement, la facilité, ou la difficulté plus ou moins grande pour la tailler, son transport, sa nature plus ou moins forte par rapport à l'effort qu'elle souffrira étant pressée par les reins des Arches ; si elle en peut supporter l'effort & le poids ; car il y en a qui sont si tendres qu'elles éclatent , surtout quand elles ne sont pas posées en coupe, ou que les Voussoirs sont trop petits; sçavoir la prise & la grandeur qu'il faut donner à ces Voussoirs; s'il faut enfin se servir de cailloux , ou d'autres pierres mal façonnées , ou bien de la brique pour libage & pour limosinage ; ce qu'il en coûtera par pied cube , ou par toise cube, les vuides déduits , ou les vuides compris, par rapport à la Charpente des Cintres, dont l'un peut compenser l'autre ; la chaux d'où elle vient , sa nature , quand elle fait prise , ou d'abord employée , ou longtemps après ; la journée des Ouvriers , la facilité des vivres , la commodité des lieux , le nombre des Travailleurs , pour finir l'Ouvrage dans un certain temps , avant les pluyes de l'Automne qui font déborder les Rivieres ; mettre à l'abri les materiaux , pour n'être pas emportés par les inondations ; & mille autres précautions qu'il faut avoir , & qu'on ne peut pas toutes rapporter.

Pour un Pont de Charpente.

On s'informe d'où l'on tirera les bois, s'ils sont sains & de recette, le temps pour les faire venir , leur dépense, & à combien ils reviennent rendus sur les lieux; combien la façon pour les employer en pilots, combien en cintrage , & les mettre en place; la quantité qu'il en faut , en faire un compte , de même que de ceux qu'on doit employer aux cintres & aux échafaudages ; avoir tous ces materiaux prêts en leur temps , pour commencer sans interruption , & pour finir l'Ouvrage avant les Saisons contraires à la perfection des Ponts , & qui par des inondations emportent ordinairement ce qu'on n'avoit pû achever , &c. On regle encore la largeur des

Ponts, par rapport à la foule du peuple qui y passe dessus, & aux grandes routes qui y aboutissent. On regle encore la hauteur & la largeur des Arches, par rapport au commerce & à la navigation.

Toutes ces choses servent enfin à dresser un Projet juste, pour être rapporté avec connoissance de cause au Ministre qui l'a ordonné, à qui l'on rend par ce moyen un compte fidele. On peut ajouter ou diminuer à ces connoissances, par rapport au plus ou au moins dont on en aura de besoin, & suivant les occasions des lieux, qui les augmentent ou les diminuent. A tout cela l'experience est un grand Maître, qu'on n'acquiert le plus souvent qu'après avoir fait beaucoup de fautes. Je vais donner le détail de toutes les parties de ces Projets.

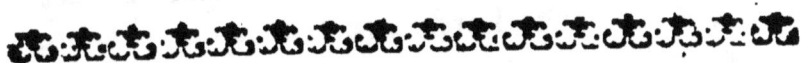

CHAPITRE VI.

De la grandeur des Ponts, proportionnée à la quantité des eaux qu'ils doivent recevoir lors des inondations.

J'Ay déja rapporté que quand on projette un Pont, on s'informe de la quantité des eaux qui passent dans la Riviere sur laquelle on le veut construire, afin de faire les Arches & les Travées suffisamment grandes pour les pouvoir toutes contenir. La regle ordinaire est de faire l'intradosse des Arches à l'endroit des clefs, & les Travées des Ponts de Charpente, trois pieds audessus des plus hautes inondations. On n'observe pas la même regle à toutes les Arches d'un Pont où il y en a plusieurs: on se contente de la fixer à celle qui est au milieu, & la plûpart des autres qui viennent après diminuent pour l'ordinaire, afin de pratiquer une rampe aisée audessus, pour gagner la hauteur du Pont. Il y a beaucoup de

Ponts

Ponts où cela est ainsi ; mais le plus sûr seroit que toutes les intradosses des Arches fussent d'une même hauteur, trois pieds audessus des plus hautes inondations, quoique moins larges, si l'on vouloit ; en élevant davantage la naissance des Cintres, pour empêcher que les eaux ne fussent point forcées à passer audessous ; ce qui fait creuser le pied des piles, & renverser enfin, & bien souvent, tout l'Ouvrage par ce défaut.

Il y a encore des Ponts où l'intradosse des Arches est quelquefois les deux à trois toises plus élevée que les plus hautes inondations ; autre malfaçon & inutilité, quand on peut l'éviter, & que la navigation ne la permet pas, à cause que les grandes Voitures souffrent beaucoup pour monter la rampe de la plûpart de ces Ponts, qui sont pour l'ordinaire tres-rapides à cause de leur trop d'élevation.

Les piles des Ponts diminuent beaucoup la largeur du lit ordinaire des Rivieres ; & cela fait aussi que les eaux sont fort pressées dans les Arches lors des inondations. Les Rivieres pour lors creusent entre les piles, & sous les Arches, de maniere qu'elles mettent en profondeur ce qu'on leur a diminué, ou ôté de leur largeur ; c'est aussi une des principales causes de la ruine des Ponts. On ne doit jamais projetter des Ponts dans des endroits serrés, à moins qu'on ne les puisse fonder sur le roc, & qu'on ne prenne des précautions extraordinaires, que nous rapporterons ci-après. Si l'on diminue d'un tiers la largeur d'une Riviere, en y pratiquant un Pont, par l'emplacement des piles, & que cette Riviere n'ait que deux toises de profondeur dans cet endroit lors de son cours ordinaire, on peut compter qu'elle acquerra une toise de plus de profondeur, lors des inondations, à cause qu'on la resserrera par la maçonnerie des piles qu'on y pratiquera, d'un tiers de plus. On peut éprouver ce que je rapporte dans un même lit de Riviere, où l'on verra que son courant

C

fera deux fois plus profond à l'endroit où fon lit ne fera que la moitié moins large qu'il n'eft ailleurs, à moins qu'il ne fe trouve au fonds de cet endroit des terrains de différente nature & de différente confiftance, où les eaux ne puiffent pas creufer également partout.

Les Rivieres n'augmentent & ne diminuent que parce qu'il pleut plus ou moins. Il y a des Pays où il pleut plus qu'en un autre fon voifin ; la quantité de pluye qui tombe à Paris, fuivant M. de la Hire, eft de dixneuf pouces, une année portant l'autre, ou environ. M. le Comte de Pontbriand, qui a fait de pareilles obferva-tions en fon Château près de Saint-Malo, a trouvé 24 pouces 6 lignes ; & le Pere Fulchiron à Lyon, a trouvé 36 pouces 9 lignes. Si l'on joint ces trois quantités bien différentes les unes des autres, on aura une re-duction de 26 pouces 9 lignes, qu'il tombera d'eau fur la furface de la terre depuis Lyon jufqu'à Saint-Malo, pendant une année. Le vent, le foleil, la terre, les plantes, &c. confomment une bonne partie de cette eau ; le reftant coule dans le penchant des Vallons, dans les Ruiffeaux, dans les Rivieres, & dans la Mer, & paffent fous les Ponts qu'on conftruit fur les Rivieres. Si l'on mefure fur une bonne Carte l'étendue du pays qui ramaffe toutes les eaux qui coulent dans la Riviere fur laquelle on a bâti un Pont, on trouvera que celles qui paffent dans le Fleuve du Rofne fous le Pont Saint-Efprit, viennent d'une étendue de pays qui a

2800 lieues quarrées.

Celles du Pont-Royal de Paris, 1700
Celles du Tibre à Rome, 1100
Celles du Rône à Lyon, 800
Celles de la Garonne à Touloufe, 440
Et celles de la Tamife à Londres, 430.

Par ce moyen fur des Cartes on verra la différence de tous ces Fleuves plus ou moins grands, & le plus & le moins d'eau qu'ils peuvent donner, & qui paffe fous les Ponts desquels nous avons rapporté la figure. Si l'on cube l'étendue des lieues quarrées que nous venons de rapporter, à raison de 26 pouces 9 lignes de hauteur, on aura la quantité de toises cubes d'eau, qui passe tous les ans sous tous ces Ponts, distraction faite de tout ce que les vents, le soleil, les plantes, &c. peuvent dissiper.

Ces remarques semblent pouvoir servir à une personne qui projette un Pont, afin de regler l'ouverture des Arches, plus grandes en un endroit de la France, qu'en un autre, par rapport au plus & au moins de pluye qui tombe en un endroit plus qu'en un autre, & par rapport à l'étendue de la terre que les Rivieres parcourent : Mais on ne doit pas compter là-dessus; on ne doit tabler que sur le témoignage des plus Anciens du pays; & ce que je rapporte est plûtôt du curieux, que de l'absolument necessaire, pour diversifier la matiere des Ponts.

Ce que je vais rapporter tend à la même fin. Plusieurs ont cru que les inondations qui arrivoient de temps en temps, étoient causées par certaines révolutions & par des périodes reglées, qui revenoient après plusieurs Siecles, comme auparavant. L'exemple des observations qu'on a faites à Rome sur le Tibre, depuis presque que cette Ville, qui a été autrefois la Capitale de l'Univers, a été fondée, & depuis ses premiers Rois, confirme le contraire; puisqu'on prouve par un compte & par des remarques exactes, qu'on en a faites, que jamais aucune inondation comparée avec une autre qui l'a suivie, n'a eu aucun rapport avec les précédentes. En voici le dénombrement.

L'An 340 de la Fondation de Rome, le Tibre déborda extraordinairement.

L'An 391.
536.
546.

L'An 557 inonda deux fois.

591 , deux fois.

600, ce fut comme un deluge pendant deux fois.

765.

875.

Du depuis le Tibre a inondé plusieurs fois :

Sous l'Empire de Vespasien.

de Nerva.

de Trajan.

d'Adrien.

d'Antonin Pie.

de Marc Aurele.

de Maurice.

Dans le temps du Pontificat du Pape Gio III.

de Gregoire II.

d'Adrien I.

de Nicolas I.

de Gregoire IX.

de Nicolas III.

d'Urbain VI, en 1379.

de Martin V.

de Sixte IV.

d'Alexandre VI.

de Leon X.

de Clement VII.

de Paul IV, en 1557.

de Pie V , & Sixte V, en 1589.

& de Clement VIII , en 1598.

CHAPITRE VII.

De la rapidité des eaux sous les Ponts, & des moyens de l'éviter.

IL eſt certain que les piles des Ponts ne ſe dégravoyent & ne tombent le plus ſouvent en ruine, que par la rapidité des eaux qui fouillent juſques ſous leurs fondemens. Si l'on peut diminuer le courant d'une Riviere, il eſt ſûr qne les piles d'un Pont ne ſeront pas en danger d'être ſitôt renverſées ; & l'on ne diminue le courant des Rivieres que par deux moyens.

Le premier, c'eſt en rallongeant leurs cours, en le faiſant circuler dans une plaine, s'il eſt poſſible, & les grands détours qu'on luy fait faire, diminuent ſa pente, luy font perdre ſa vîteſſe par rapport à ſon plus grand contour. C'eſt de ces moyens dont les Anciens ſe ſont ſervis, pour rendre les Rivieres navigables, où la diſpoſition du pays le permettoit, à cauſe qu'ils n'avoient pas la ſcience de faire des Ecluſes. Mais cette maniere n'eſt pas praticable pour arrêter le cours d'un Fleuve à l'endroit & à l'occaſion d'un Pont. Le deuxiéme & dernier moyen qu'on a de diminuer le courant d'une Riviere à l'endroit d'un Pont, & que les Anciens n'ont pas connu non plus ; c'eſt qu'on arrête tout court le fonds des Rivieres les plus rapides, par des fils de pieux & de pal à planches, qui coupent le fil de l'eau dans le fonds de ſon lit, & le ſoûlevent à la hauteur qu'on veut, pour ne point fouiller les Fondations d'un Pont que l'on peut pratiquer ainſi dans les Rivieres qui ne ſont pas navigables. On vient de l'expérimenter au beau Pont-Neuf de Touloſe, où la Ga-

ronne creufe, fous une des piles de la plus grande Arche, depuis que la Digue du Moulin du Bazacle, qui
eft audeſſous, a été emportée il y a quelques années.
Elle faiſoit une retenuë d'eau au bas de cet ouvrage, qui
y rendoit les eaux tranquilles, & s'y faiſoit, par conſéquent, un dépôt de gravier, qui chauſſoit le pied des
piles. Ce qui n'arrive plus à preſent, où il y a un courant, qui met dans un danger évident ce magnifique
Pont, ſi on n'y remédie, car la rapidité des eaux a dé-
chauſſé juſqu'audeſſous des fondemens, une des piles.
J'ay donné un deſſein pour reparer le pied de cet ouvrage, que je rapporterai ailleurs, en ſon lieu, & que j'ay
fait par les ordres de Monſeigneur de Baſville, Intendant de Languedoc.

Les eaux augmentent, & diminuent dans les Rivieres, par rapport à leur plus, ou moins de pente,
qu'elles trouvent en coulant dans leur lit, tel qu'elles
ont creuſé peu à peu, depuis le commencement des ſie-
cles, qu'elles ont commencé de couler, & qu'elles creuſent davantage chaque jour, à force d'y entraîner du
gravier, & des Cailloux, lors des inondations. Tous
ces Corps en deſcendant frotent les Bancs des Rochers,
qui contiennent les Rivieres, & les agrandiſſent tels
que nous les voyons aujourd'hui. C'eſt pour l'ordinaire
à ces endroits de Roc où les Rivieres ſont les plus retenuës audeſſus, & plus tranquilles, & où elles paſſent
avec plus de rapidité, à cauſe de leur chute ; ce ſont
auſſi ces Roches qui ont fait connoître aux hommes qu'à
leur imitation, & par le moyen de l'Art on pouvoit rendre tranquilles les Rivieres, & navigables, par des retenuës ; en ſorte qu'on fait perdre aux eaux leur rapidité
audeſſus, que l'on leur rend audeſſous par la chute qu'elles ont à ſauter par deſſus l'Ecluſe qu'on leur a pratiquée par l'Art. Et c'eſt de ce moyen dont on doit ſe ſervir pour empêcher le dégravoyement d'un Pont, lorſqu'il n'eſt pas fondé fort bas, & bien d'autres qui ne

dépériffent que par ces dégravoyemens, faute d'attention, lorfque la navigation le permettra.

Le Pont de Courfan en Languedoc, un des plus
beaux Ponts de cette Province, fur la Rivière d'Aude,
Diocéfe de Narbonne, écroula par ce défaut ; il fut
enfuite remis. J'eus l'honneur d'être nommé par Noffei-
gneurs des Etats du Languedoc, pour en faire la vérification, & la réception ; je trouvai qu'une des an-
ciennes piles à laquelle on n'avoit pas travaillé, étoit
creufée audeffous ; je fis un plan, & un fondage de combien toutes les piles étoient creufes pour lors. Sur l'a-
vis que je donnai en rapportant cette affaire à Monfei-
gneur le Goux, Archevêque de Narbonne, Préfident
des Etats, & à Monfieur de Montferrier, Syndic General de la Province, on fit à cet endroit dangereux une
jettée de gros quartiers de pierre qui remplirent le creux
du dégravoyement de cet ouvrage, qui du depuis a refté
en bon état, & ne s'eft point démenti ; cette découverte
me fit penfer plus loin, elle me donna occafion de dreffer un Memoire, par lequel je faifois voir que la plûpart des anciens Ponts n'étoient renverfés par les eaux
que faute d'attention.

1°; Que les Ingénieurs, & Architectes, qui étoient
chargés des Travaux Publics, devoient avoir un plan,
& un fondage de chaque Pont.

2°, Que ce fondage devoit être vérifié chaque fois,
d'abord après une inondation, pour y connoître le changement qu'elle y auroit apporté.

3°; Que fi l'inondation avoit fait des dégradations
confiderables, autour de quelque pile, on doit d'abord
la remblayer avec de gros quartiers de pierre pour en
remplir les fondemens, ou bien y projetter des fils de
pieux, de la Maçonnerie à fonds perdu, des encaiffemens, des Crêches, &c. tous moyens plus ou moins
propres à contregarder le pied de ces fortes d'ouvrages.

Par ces précautions, on évite que les Ponts ne foient

point renverſés. Quelques batelées de pierres tranſpor-
tées dans des ſemblables endroits, empêchent bien ſouvent la ruine d'un Pont qui a coûté des ſommes immen-
ſes : Et quand les Ingénieurs des Ponts & Chauſſées
des Generalités, tiendroient dans leurs Régiſtres des
Plans ſondés de tous les Ponts de leur Département
faits un tel jour, & qu'ils rapporteroient la difference
que les inondations y auroient cauſé d'abord après
qu'elles auroient paſſé, ils reconnoîtroient les endroits
dangereux qu'il faudroit reparer, à quoy on pourroit
remedier ſur le champ, avant qu'il ſurvînt un autre
débordement, qui pût achever de faire écrouler l'ouvrage.

On fait couler les Rivieres plus ou moins vîte, plus
ou moins on les reſſerre ; je m'explique. Quand on projette un Pont ſur une Riviere, il eſt certain que les piles
de Maçonnerie, ou les palées de fils de pieux qu'on y
projette, diminuent le lit de la Riviere, ſur laquelle on
veut faire le Pont, comme j'ay rapporté auparavant.
Suppoſons icy que cette diminution ſoit d'un cinquiéme.
On peut compter ſeurement lors des inondations, que
les eaux creuſeront le lit d'un cinquiéme, de plus qu'elles ne creuſoient pas avant la conſtruction du Pont, à
cauſe que les eaux mettent en profondeur ce qu'on leur
fait perdre de leur largeur. Il eſt certain, encore que le
lit de la Riviere, ayant été rétreſſi d'un cinquiéme, les
eaux qui ſont toûjours les mêmes en quantité, dans
leur courant, depuis leurs ſources juſques à la Mer,
diviſées dans des Ruiſſeaux, ou réünies dans les Fleuves, paſſent avec une vîteſſe plus grande d'un cinquiéme, dans l'endroit où l'on les a reſſerrées, pour y faire
un Pont, & par conſequent foüillent ſes fondemens,
où elles ont plus de priſe d'un cinquiéme, & elles emportent avec ce premier cinquiéme de plus de vîteſſe,
des Cailloux, & les corps qu'elles n'avoient pas pû enlever avec un cinquiéme de moins de peſanteur, ou de

vîteſſe, que je compare l'un égal à l'autre ; ſi l'on rétreſ-
ſiſſoit le courant de tout un Fleuve de la moitié ſur
toute ſa longueur, il n'y a pas de doute que les eaux
que ce Fleuve contenoit auparavant, ne coulaſſent avec
le double de rapidité, & au contraire qu'elles ne di-
minuaſſent leur vîteſſe de la moitié, ſi on les élargiſſoit
de la moitié plus qu'elles ne ſeroient. C'eſt pour cette
raiſon que les Epys, & tous les ouvrages qu'on conſtruit
ſur les Rivieres pour les rétreſſir, ou pour les élargir,
& les éloigner, ou en rapprocher le cours, ſont défendus par les Ordonnances des Eaux & Forêts, Art. 40, 42
& 44, *du Titre de la Police, & conſervation des Forêts,
Eaux & Rivieres de France.* Le Pont Royal, par exemple, des Thuilleries, a ſur la Seine une longueur de 70
toiſes, ſes piles barrent la largeur de la Riviere, ou
la diminuent d'environ un douziéme ; c'eſt ſans difficulté que les eaux paſſent un douziéme plus vîte ſous les
Arches, qu'elles ne paſſoient auparavant, lorſque le
Pont n'étoit pas fait.

Par la même raiſon, on conclud, que le Pont-Neuf
audeſſus de celui des Thuilleries, étant, par exemple,
deux fois plus ſpacieux que celui des Thuilleries dans
les ouvertures de ſes Arches, car elles ſont environ
96 toiſes de vuide en longueur, au lieu que celles du
Pont des Thuilleries n'en ont qu'environ 56, l'eau
de la Seine qui paſſe à tous les deux, lors des
grandes inondations, doit paſſer moitié moins vîte au
Pont-Neuf, qu'elle ne paſſe à celui des Thuilleries, & les
précautions qu'on a priſes à établir les fondations du
Pont-Neuf, quand elles auroient été la moitié moins
grandes, que celles dont on s'eſt ſervi, lorſqu'on a
fondé le Pont-Royal des Thuilleries, elles réſiſteroient
également au courant des eaux de la Seine, comme peuvent faire celles qu'on a employées au Pont-Royal des
Thuilleries, qui doivent être le double plus aſſurées. Et
ſi les eaux de la Seine, enfin, n'emportent qu'un cail-

lou d'une livre pesant sous le Pont-Neuf, à quoy peuvent aller toutes les vîtesses de leur mouvement, & leur
pesanteur ; les mêmes eaux passant sous le Pont-Royal
des Thuilleries enleveront un caillou de deux livres pesant, à proportion de la grandeur des ouvertures des
Arches de l'un & de l'autre Pont, & du resserrement des
eaux, lors des débordemens. Toutes ces idées doivent
être de l'essence d'un homme qui projette un Pont. Elles
s'étendent encore si loin dans la pratique, qu'elles deviennent infinies dans l'execution par leur varieté, &
par rapport aux divers courans qu'on leur fait prendre,
qui plus ou moins réünis, font plus ou moins des effets
surprenans, ausquels on ne s'attendoit pas ; ainsi on ne
sçauroit faire trop de recherches sur ces matieres.

Si l'on vouloit examiner encore, comme on le doit,
la force que les eaux ont sur les mêmes corps, de semblable matiere, mais de differentes grosseurs, on ver-
roit la raison pour laquelle elles entraînent le sable plûtôt que le gravier, & celui-ci plûtôt que les cailloux, &
enfin, ces derniers plûtôt que de gros blots de pierre,
quoique tous composés d'une même matiere. Et quand
on sçaura que le mouvement joint à tous ces differens
corps en grosseur, enleve ceux qui ont le plus de surface par rapport à leur pesanteur, on ne sera pas surpris
de tous ces effets, & on en rendra d'abord la raison.
Ainsi, le sable ayant plus de surface dévelopée dans
son pourtour, par rapport à sa pesanteur, que le gravier
qui est plus gros, l'eau enléve plûtôt le premier que le
dernier, parce qu'elle a plus de prise sur luy. Ainsi de
même en remontant. L'on voit par là, que les corps,
plus ils diminuent, plus ils augmentent en surface ; en-
forte, que par rapport au mouvement, n'ayant prefque que des surfaces, & fort peu de corps, ils deviennent enfin si legers que le moindre mouvement les emporte, comme on le voit, quand ils font réduits en
poussiere ; l'or, par exemple, réduit en feuilles, est
emporté par le moindre vent.

Tout ce que nous venons de dire étant sçû, on doit passer aux autres moyens dont on se sert pour construire des Ponts, comme sont l'abaissement des eaux des Rivieres.

CHAPITRE VIII.

De l'abaissement des eaux des Rivieres, & de la maniere de les détourner pour établir les fondations d'un Pont.

QUAND on veut travailler aux fondations d'un Pont, on se sert de la saison de toute l'année la plus propre, comme est celle de l'Eté, après la fonte des neiges.

Si la Riviere dans laquelle on doit fonder les piles d'un Pont est fort encaissée, & entre deux montagnes ; & qu'il ne soit pas possible d'en divertir le cours dans une plaine, on se contente de fonder une pile l'une après l'autre, & par des bâtardeaux en écharpe, qui dirigent le courant des eaux de la Riviere dans un de ses bords seulement, ou qui entourent l'ouvrage. On rend tranquilles les eaux dans l'endroit des piles qu'on veut fonder, & où on éleve les fondations au-dessus de la naissance des Cintres, & jusqu'à la retombée de l'Arche, pour pouvoir après travailler en tout temps, soit à poser les Cintres, soit à finir le Pont dans sa perfection. Après qu'on a ainsi détourné les eaux d'une Riviere, pour établir sur la moitié de sa largeur les fondations des piles, on remet le courant des eaux à l'endroit que l'on a fondé les premieres piles par un autre bâtardeau contraire au précedent qu'on démolit, pour enfin achever de fonder le reste du Pont comme on l'a commencé.

Quand on a toutes ces choses dans l'esprit, on exa-

mine encore s'il n'y a point de Digues de Moulin audeffous qui foûleve le cours des eaux , qu'il faut abfolu-
medt faire rompre dans l'endroit le moins dommagea-
ble de la Digue , & y faire paffer la Riviere pour en
abaiffer les eaux autant que l'on peut. Ces ruptures fe
font en dépoüillant la Digue de toutes fes traverfes, de
tous fes encaiffemens , & de tout ce qui en retient l'eau
dans l'endroit même, où l'on en fait l'ouverture ; on
ne laiffe que les pilots & les pieux , pour pouvoir fervir
à refermer ces ouvertures , aprés que les piles du Pont
font fondées , & élevées audeffus des eaux de la Digue
du Moulin.

Mais lorfque dans une Riviere , où l'on veut fonder
un Pont, on a la facilité d'en divertir les eaux, comme
lorfqu'il fe rencontre une Ifle , ou un Iflon, ou Iflot ,
& que l'on peut faire paffer la Riviere en un feul de fes
courans, cela facilite infinicment l'avancement des ouvrages ; il en eft de même quand on rencontre une plaine, où la Riviere a beaucoup d'étenduë lorfqu'elle inon-
de, & qu'elle fe remet enfuite dans un feul courant,
quand elle eft réduite à fes eaux ordinaires : on fonde,
pour lors, les piles du Pont, dans toute l'efpace de la
plaine, que la Riviere ne parcourt pas, lors de fes baffes
eaux ; & quand tous ces efpaces font fondés , on fait
un Canal au travers de tous ces ouvrages finis , par où
l'on dérive peu à peu le courant des eaux, ou l'on les remet avec des ouvrages fort fimples , fuivant la difpofition des lieux ; en coupant le courant de la Riviere le
plus haut que faire fe peut , & dans l'endroit de fon
cours , où elle a le moins de profondeur.

Quand je n'ay eu que trois pieds de hauteur d'eau à
combattre , pour divertir le cours d'une Riviere, & la
remettre dans un autre Canal, fait par la main des
hommes , je me fuis fervi de certains ouvrages tres aifés
fans pilots, par rapport à la difficulté qu'il y avoit d'en
trouver fur les lieux. Ces ouvrages aifés ne font que de

Rateliers en forme d'Echelles, qui portent la hauteur de
l'eau de la Riviere que l'on veut détourner, que l'on
pose de côté, à plomb, & verticalement au travers du
cours des eaux, & en écharpe, vis-à-vis, & un peu
audessous du Canal de dérivation que l'on a déja prati-
tiqué par la main des hommes, dans lequel la Riviere
doit entrer comme dans un nouveau lit. Les eaux de la
Riviere par ce moyen passent au travers des Bareaux de
ces Rateliers, tandis qu'on les assure par le haut, &
par le bas avec des piquets, qui en traversent les côtés,
& que l'on bat à la masse, d'une à deux mains; on fait
plusieurs rangs de ces Rateliers, qui traversent ainsi la
Riviere en forme de Digue, & au travers de tous les
vuides des Bareaux, les eaux passent sans interruption.
Les côtés de ces Rateliers étant bien liés par des traver-
ses, par des liens, par des entretoises, & par des décharges qui les assurent de tous côtés; le Canal de dérivation étant creusé, prêt à recevoir les eaux de la Riviere, on jette à l'entre-deux de ces Rateliers plusieurs
Fascines, dont on en a fait déja bonne provision à pied
d'œuvre que l'on charge, ou de Cailloux, ou de pierres,
pour les faire couler à fonds devant les Rateliers; ce
qui fait enfler la Riviere, & la contraint peu à peu à
rentrer dans le petit Canal de dérivation qu'on luy a
préparé auparavant. On a la satisfaction de voir qu'à
mesure qu'on ferme le cours ordinaire de la Riviere,
les eaux qu'on retranche de son courant augmentent
dans celui du nouveau Canal de dérivation, en sorte que
ce dernier n'étant pas pour l'ordinaire qu'un dixiéme,
ou un vingtiéme de celui de la Riviere que l'on ferme,
on le voit agrandir à vûë d'œil, l'eau entraînant tout ce
qu'elle rencontre, comme un des rochers qu'on n'avoit
pas pû enlever, souches d'arbres, & racines que les
ouvriers n'avoient pas pû arracher, en sorte que dans
24 heures que les eaux y ont passé, il devient spacieux,
& propre à recevoir toutes les eaux de la Riviere, fus-
sent-elles deux fois plus grandes.

C'eſt de cette maniere, dont je me ſuis ſervi il y à environ 25 ans, ſur la Riviere de la Neſte ; dans la plaine d'Aventignan , qui va ſe jetter dans la Garonne au bas des hautes Pyrenées ſur Montrejaux, où les Mâts ne pouvant floter que contre des rochers qui mettroient chaque jour les Ragers en danger de perir , & où il s'en étoit déja perdu , ne couroient plus aucun riſque en traverſant la plaine ; c'eſt de ce même moyen dont je me ſuis ſervi encore , avec des ouvrages auſſi aiſés , & auſſi foibles , que j'ay détourné la Riviere d'Aude , dans les baſſes Pyrenées , aux mêmes fins , en tant d'endroits que ſon cours changea , partout où ces ſimples ouvrages furent conſtruits ; c'eſt enfin ſur la Riviere d'Orb audeſſus de Beſiers , où je me ſuis ſervi encore de pareils expédiens , pour détourner cette Riviere, à l'uſage du Moulin des quatre Rades , & à la ſollicitation de Monſeigneur de Rouſſet, Evêque de Beſiers, où j'eus juſques à 5 pieds de hauteur d'eau à détourner. Les côtés de ces Rateliers ne ſont que des Arbres fendus avec des coings , & percés en guiſe d'Echelles ; l'Aulne , le Peuplier , &c. ſont tous arbres propres à cela ; les trous ſe font avec de groſſes Tarieres, ou avec de petites Haches, eſpacés les uns des autres de 10 à 12 pouces, & les Bareaux de ces Rateliers ne ſont que de brins de Buis , & de bout de branches de toutes eſpeces ſemblables à des piquets de 2 à 3 pouces de diametre, tant du plus que du moins, car il en faut avoir de toute ſorte. Il ſemble que la premiere inondation qui ſurvient doit emporter tous ces foibles ouvrages ; je n'en ay vû emporter aucun, quelques grandes qu'ayent été les eaux qui ſont ſurvenuës après , à cauſe que ces ouvrages étant bas , les eaux ne font que gliſſer deſſus , & les inondations les comblent ſi fort de gravier , ou de ſable, qu'on ne les retrouve plus, le plus ſouvent, après qu'elles ont paſſé , qu'en fouillant les tas de gravier, dont ils ſont couverts, où tous les Bois pourriſſent enſuite par ſucceſſion de temps.

Quand enfin, pour derniere reſſource on peut abaiſſer les eaux d'une Riviere, d'un à deux pieds, par rapport à ſa pente, en recreuſant ſon lit, c'eſt encore faire
beaucoup ; & on ne ſçauroit croire combien ce peu
d'eau de hauteur qu'on abaiſſe, épargne des épuiſemens,
& facilite les fondations des Ponts audeſſous des Bâtardeaux. On déblaye pour cela les bords de la Riviere de
tout autant de gravier qu'on le juge à propos, & dont
on la veut élargir pour en abaiſſer les eaux : car il eſt
certain que plus on l'élargira plus elle abaiſſera, ſuivant le principe dont j'ay parlé cy-devant, & les eaux
perdront de leur hauteur à proportion du rétreſſiſſe-
ment qu'on leur fera quitter en les élargiſſant. On dé-
blayera après le gravier, & le ſable qui ſe trouvera à
un pied, & un pied & demi audeſſous de la ſuperficie
des eaux. On s'attachera encore à abaiſſer les eaux à
l'endroit des chutes, où elles ont le plus de retenuë,
où l'on trouve des reſſauts qu'on dégravoyera avec des
Fourches renverſées, des Grateminots, des Harpes de
Fer, & des Herſes renverſées, qu'on fait tirer par des
Chevaux, ou par des Bœufs, en guiſe de labour, lorſque les bras des hommes n'en peuvent pas venir à bout.
On ſe ſert encore de pluſieurs piquets qu'on plante dans
ces endroits, où le courant des eaux n'eſt pas aſſez rapide pour en dégravoyer le fonds, contre lequel on
clouë des planches, qui forçant l'eau à paſſer pardeſſous
avec plus de poids, & par conſéquent avec plus de rapidité, on luy fait enlever, & creuſer des tas de gravier
qu'on auroit eu beaucoup de peine d'ôter autrement. On
fait encore des Bateaux qui portent des Couliſſes au même uſage, que l'on amare avec des Cordes, & que l'on
place ſur les endroits qu'on veut dégravoyer, en les y
laiſſant repoſer quelque temps ; l'eau que ces Bateaux
preſſe pardeſſous en renfermant le cours de la Riviere,
la fait paſſer avec tant de vîteſſe, plus on les charge,
qu'enfin les eaux mêmes ſe creuſent leur lit. On ſe ſert

de tous ces moyens, plus ou moins aisés, suivant les occasions où ils conviennent le mieux, que la prudence de celui qui dirige les ouvrages employe, où il trouve le plus à propos, afin d'avoir moins de peine à fonder les piles d'un Pont, ayant moins de hauteur d'eau à enlever.

CHAPITRE IX.

Des Outils.

IL n'est pas toûjours necessaire, me dira-t-on, qu'un Ingénieur, ou un Architecte connoisse tous les Outils, dont on se sert pour la Charpente & pour la Maçonnerie; je crois, que qui les ignore, & ne sçait pas leur usage, peut tomber dans de grands défauts, lorsqu'on sera obligé d'entrer dans le détail d'une affaire, soit en discourant, soit en se voulant énoncer dans un devis. Un peu d'attention, fait qu'on connoît bientôt tous les Outils. Il y a toûjours de la honte à ne sçavoir pas, & de la gloire à n'ignorer rien de ce qui regarde la Profession qu'on a embrassé. Messieurs Felibien, de la H. dans son Ouvrage de Charpenterie, Daviller, & plusieurs autres, montrent à connoître tous les Outils, dont on se sert dans la Charpente, & dans l'Architecture, où l'on peut les aller examiner, si on les veut connoître, & quelques momens sur les lieux à les manier comme ils sont faits, & en voir leur usage entre les mains des Ouvriers quand ils travaillent, font infiniment plus d'impression dans nôtre esprit, que la lecture de tous les Livres qui en parlent.

CHAPITRE X.

✳✳✳✳✳✳✳✳✳✳✳✳✳✳✳✳✳✳✳✳✳✳✳✳✳✳✳✳✳✳✳✳

CHAPITRE X.

De l'employ des Bois.

D Ans la fuite des temps, & peu à peu l'art de la Charpenterie s'eft perfectionné ; on a converti les chofes en des ouvrages mieux entendus. On a équarri les bois qu'on n'employoit que bruts auparavant ; on a imaginé des mortoifes au lieu des troux, & des tenons à la place des chevilles : & les chofes font venues fi avant dans cet art de la Charpente, par rapport aux Mécaniques, que l'on fçait les proportions que l'on doit donner à la groffeur & à la longueur des pieces, pour pouvoir faire un tel effort dans les Ponts, & dans toute autre forte d'ouvrage ; c'eft un malheur extrême fi on les employe trop gros, ou trop foibles, ou trop courts ; car on tombe dans des défauts tres-fâcheux. Le trop de bois en certaines rencontres rend la charge de l'ouvrage fi pefante, que le bâtiment audeffous écroule bien fouvent par ce défaut ; comme auffi il éclate, fe partage & tombe en ruine par la foibleffe des bois, lorfqu'ils font employés trop minces ; extremités qu'on doit éviter ; & qu'il n'y a que la pratique qui nous enfeigne la bonne maniere.

Si on laiffe les Entrepreneurs les maîtres de fournir les bois à raifon de tant le cent des folives, fans leur marquer les dimenfions qu'ils doivent avoir, il eft certain qu'ils en employent le plus qu'ils peuvent en groffeur, pour y trouver davantage leur compte ; mais lorfqu'on leur regle les groffeurs & les longueurs dans le Devis, on eft à l'abri de leurs furprifes. Le Devis doit énoncer les quantités & leurs dimentions, leur natu-

D

re, la différence, les qualités, & en défigner l'employ.

M. de la Hire dans l'art de Charpenterie donne par une Table, les groffeurs que doivent avoir les bois, par rapport à leur portée, qui augmente de trois en trois pieds, depuis douze jufqu'à quarante-deux pieds de long, que l'on peut voir ci-après, & que M. Bullet rapporte auffi. On fera de cette Table l'ufage qu'on trouvera à propos, pour l'appliquer où lon verra bon être.

Longueur.	Largeur.	Hauteur.
12 pieds.	10 Pouces.	12 Pouces.
15	11	13
18	12	15
21	13	16
24	$13\frac{1}{2}$	18
27	15	19
30	16	21
33	17	22
36	18	23
39	19	24
42	20	25

CHAPITRE XI.

Des qualités des Bois, de leurs efpeces, & de leur Coupe.

LA bonne qualité des bois, c'eft d'être fains, à droit fil, non roullés, ni gelifs, qui n'ayent point de fentes, & fans gerfures.

Les arbres ont pour l'ordinaire trois féves; celle du Printemps, l'autre en Juillet & Aouft, & l'autre en Octobre; cette derniere eft peu fenfible , feulement la remarque-t-on quelque peu aux Sapins , s'il en faut croire aux Bucherons des Pyrenées , qui me l'ont dit ainfi ; je ne l'ay pas apperçue.

On prétend que la coupe des bois n'eft bonne que depuis le mois d'Octobre , jufqu'au commencement du mois de Mars , dans les derniers quartiers de la Lune; & hors ce temps-là , le bois eft fujet à être mangé des vers. La maniere de les couper , eft qu'il faut les cerner par le pied jufqu'à la moitié du cœur , & les laiffer ainfi quelque temps , afin que l'humidité inutile en forte , & que coulant par cette entaille au travers de l'aubour dans les Chênes , elle ne vienne point à fe corrompre dans le bois , & le gâter ainfi.

Toutes ces précautions font tres-bonnes; mais tout ce que je puis affurer , c'eft qu'ayant refté longtemps dans les Pyrenées , je n'ay pas vû obferver ces déclins des Lunes pour la coupe des bois; feulement qu'elle eft bonne à faire depuis qu'ils ont quitté leurs feuilles , jufqu'à ce qu'ils commencent à groffir leurs bourgeons, qui eft dans le mois de Février , & dans la fin de Janvier en certains pays , où la féve commence à fe faire voir plûtôt ou plus tard , & eft plus hâtive , par rapport au climat plus chaud : Que les bois font fujets à fe gâter les uns plus que les autres , à caufe du terrain plus ou moins gras & humide , où ils croiffent ; comme ceux de la Forêt des Fanges dans les baffes Pyrenées, périffent plûtôt que ceux qu'on prend à la Forêt de Couftaufa , qui eft beaucoup plus élevée , & dans un pays plus fain. L'on voit donc des Forêts de Sapin entieres , qui produifent des pieces où le ver s'y met dans quelques années qu'on les a employées , quelques précautions qu'on prenne de les couper dans la bonne faifon , & dans le déclin de la Lune , à caufe que le fonds du terrain qui les produit , eft fi humide , & les bois fi hâtifs , & fi bien venants , que dans dix ans ils groffiffent le double de ceux qui croiffent dans les lieux plus

élevés, & moins humides, & dans la coupe desquels
le ver ne se met point, ou rarement.

J'ay vû faire une expérience sur la vermoulûre des
bois de Sapin, coupés dans les hautes Pyrenées, à toute
sorte de Lunaison, par M. Rigord, autrefois Commissaire de Marine, & à present Subdélegué de Monsieur l'Intendant de Provence à Marseille. Il eut différens échantillons de bois de Sapin, coupés en toute
Saison, numerotés, avec chacun son étiquette, qui
marquoit le temps qu'ils avoient été coupés; qu'il faisoit garder dans une grande Caisse, pour voir dans la
suite lequel de tous ces échantillons commenceroit le
premier à se vermouler. Je ne sçais ce que cette épreuve est devenue; peutêtre n'a-t-elle pas été suivie; elle
méritoit de l'être, pour éclaircir ce fait; car on n'y
voit pas bien clair encore faute d'expérience.

Les nouveaux Physiciens prétendent que tous les vers
qui s'engendrent dans les bois, ne viennent que des
différens œufs que la séve apporte depuis le bout de
leurs racines, que les vers qui fourmillent dans la
terre, déposent dans les pores ligneux, & qui ensuite
étant montés dans le corps de l'arbre, viennent à y éclô-
re après un certain temps; & c'est d'où l'on peut con-
jecturer que les terrains humides qui nourrissent le plus
de vers, en produisent davantage aux plantes qui y
croissent, & qu'elles pourrissent plûtôt: ce qu'on ne
voit pas arriver aux bois qui sont nourris & élevés
dans des lieux moins humides & plus sains, où les
vers ne sont pas en si grande quantité.

Ce qu'on a remarqué sûrement sur ces faits, c'est
que les Mouches font des œufs; que ces œufs deviennent vers, qui se nourrissent & croissent, & qu'enfin
ces vers redeviennent Mouches, ou immédiatement,
ou en souffrant une métamorphose moyenne, comme les
vers à soye, qui se renferment dans une coque, ou se
changent en féve, qu'on appelle *Aurelia*. Les Mouches

piquent les fruits qui leur conviennent, & y déposent un œuf, qui forme le vers, dont le fruit est mangé. Il peut arriver que de semblables Mouches fassent la mê-, me chose dans les arbres & dans les bois tendres, & qui leur conviennent, comme sont ceux dans les lieux, humides, ou qui sont aisés à pénétrer, comme l'Aubier.

Le bois des Sapins n'est propre à la construction des Ponts, que pour le cintrage des Arches, faute d'autre meilleur bois, pour échafauder, & pour servir à amener des pieces à cause de sa legereté, qu'il est facile à manier, & qu'on prétend qu'il porte plus, & qu'il est plus fort qu'une pareille piece de Chêne, lorsqu'on l'employe de toute sa longueur ; on n'a jamais vû plier le Sapin sous le fais ; il casse plûtôt, au lieu que le Chêne plie & charge beaucoup les Ouvrages. Le bois de Sapin pourrit bientôt, quand il est mouillé, & qu'il est exposé au grand air. Il est tres-propre à être employé à couvert, & pour lors il dure plusieurs Siecles : il sert pour pilotis, & ne pourrit jamais sous l'eau. On ne l'employe ordinairement que pour des retenues d'ou-vrages, & rarement pour des supports, à cause qu'il éclate sous le fais. Le Chêne au contraire dans les Ou-vrages des Ponts, est employé pour la charge, & pour des retenues d'ouvrages, à cause qu'il dure longtemps exposé à l'air, & ne pourrit jamais dans l'eau. Les Anciens observoient de brûler les bouts des Pilots, préten-dant par là empêcher qu'ils ne pourissent ; mais on ne garde plus à present ces précautions ; on les regarde comme inutiles, à cause qu'on voit que le bois de Chê-ne employé sous l'eau ne pourrit point, & employé dans le terrain ordinaire pourrit également brûlé, comme quand il ne l'est pas.

Le Sapin des Pyrenées à l'usage de la mâture, ne dure que quatre à cinq ans ; celui des Alpes davantage ; & celui du Nord, ou celui qui vient de Moskou, dure des dix à douze ans. On veut que les premiers ayent toutes leurs forces au dehors , ou à la circonférence , & qu'ils ayent le cœur tendre ; au lieu que les derniers ont lo cœur dur , & molle la circonférence.

Dans les bois de Chêne on ôte l'aubour, qui eſt une circonférence de bois blanche & plus tendre autour de l'arbre, que ne l'eſt le cœur, & qui eſt bientôt percée des vers, ſi on l'employe dans les ouvrages du dehors ; mais dans les ouvrages ſous l'eau, on ne garde point ces précautions : on employe les pilots de toutes leurs groſſeurs, après qu'on en a ôté l'écorce, en les allignant autant que faire ſe peut.

Le Pin eſt un bois preſque ſemblable au Sapin qu'on employe à différens uſages, qui eſt plus peſant, infiniment meilleur, qui dure plus expoſé à l'air, & qui ne pourrit jamais ſous l'eau.

Il n'eſt rien enfin de tel que le Chêne pour la Charpente des Ponts ; mais on doit auſſi ſe ſouvenir que quelque ouvrage qu'on faſſe de Charpente, à l'uſage d'un Pont pour le Public, celui de Maçonnerie eſt à préferer , dût-il coûter ſix fois plus ; à cauſe que celui-ci eſt fait pour toujours ; au lieu que l'autre de Charpente eſt ſans ceſſe à recommencer & à refaire, & qu'il coûte beaucoup pour l'entretenir.

Il y a de trois ſortes de Chêne ; du blanc, du noir, & du verd. Les deux premieres croiſſent bien ſouvent enſemble dans une même Foreſt ; on ne les connoît qu'à l'écorce, dont l'une eſt liſſe & blanche, & l'autre eſt rude & obſcure. On ne met point de différence dans la qualité de leur bois ; on n'en trouve pas même partout d'une de ces eſpeces ; & ce ſont de ces deux-là dont on ſe ſert pour la Charpente des Ouvrages ; & on n'employe le Chêne verd que pour le chaufage, pour des fuſeaux, & des dents de différens rouages, ou de différentes machines, comme de tous les bois preſque le plus peſant & le plus dur, & qui ne croiſt pour l'ordinaire que dans les pays chauds.

Il y a de trois fortes de Sapins, le mâle & la femelle, & la troifiéme eft l'If, dont on ne fe fert pas dans les Ouvrages de Charpente, à caufe qu'il eft rare & petit; feulement dans ceux de Menuiferie.

Il y a de deux fortes de Pins; les uns branchus, qui croiffent dans les plus hautes Montagnes; & les autres unis, fort droits, & un bouquet à la cime, qui croiffent ordinairement dans des climats tempérés & fablonneux.

C'eft une chofe admirable de voir tous ces arbres chacun fuivant fon efpece, garder differentes hauteurs dans l'Atmofphere fur le penchant d'une haûte montagne, quoique le terrain où croiffent tous ces arbres foit le même au haut comme au bas. Les Pins pour l'ordinaire croîtront dans la plaine dans des endroits fablonneux; les Chênes naîtront au pied de la montagne & au bas des vallons; les Hêtres fuivent après, qui viennent au-deffus des Chênes, & vont fe perpetuer jufqu'au pied des Sapins, qui font audeffus, & qui tiennent le plus haut & le dernier rang dans les plus hautes montagnes. L'air qui les fait tous vivre, en les faifant refpirer par le moyen de leurs traquées ligneux, fuivant la différence de fes modifications plus ou moins pefantes, doit être la principale caufe de leur production, puifque ces différentes fortes de plans d'arbres gardent différens degrés de hauteur dans l'atmofphere, en manière d'Amphitheatres, fur les plus hautes montagnes; & que le terrain qui eft le même au haut & au bas de la montagne, n'en produit pas partout également.

CHAPITRE XII.

De la mesure & du Toisé des Bois.

ON mesure les bois de différentes manieres.
La meilleure & la plus commode est celle
du cent de solives, qu'on pratique le plus
dans les Ouvrages du Roy. Le cent de solives fait trois cens pieds cubes, & par consequent trois pieds cubes font une solive.

Si l'on mesure une piece de bois suivant les dimen-
sions ci-après, en multipliant la largeur par la hauteur
en pouces, & le produit de ces deux-ci par le dernier
terme, qui est la hauteur, on aura le nombre des solives qu'on demande.

EXEMPLE.

	Toises.	Pieds.	Pouces.	
Longueur.	2	0	0	
Largeur.	0	0	6	} 36 Pouces, ou 3 Pieds.
Hauteur.	0	0	6	

On multiplie 6 par 6, qui donnent 36 pouces; or
36 pouces font 3 pieds; & ces 3 pieds font la moitié
d'une toise. On prend la moitié de la longueur de 2,
qui est 1, ou une solive; de maniere qu'une piece de
bois qui a de long deux toises six pouces sur six pouces de
gros, ou d'équarrissage, fait une solive, ou trois pieds
cubes. Par cette maniere on peut mesurer toute sorte de
bois tres-aisément, & en faire le compte.

On peut encore calculer les bois en les réduisant tous
en pieds cubes, & divisant le total par trois, cela vous
donnera le nombre des solives que vous cherchez.

Par exemple,

On veut sçavoir combien donnera la piece de bois ci-dessus, de deux toises. On couche sur le papier 12 pieds, & multipliant les 6 pouces par 12 pieds, cela donnera 6 pieds, qu'il faut encore multiplier par les six autres pouces ; ce qui donnera 3 pieds cubes, ou une solive.

On a encore d'autres manieres de mesurer les bois ; & pour cela, on divise la solive en 144 chevilles, dont chacune est de 3 pieds de long, & d'un pouce de gros, & par consequent chaque cheville contiendra 36 pouces cubes. Mais je trouve cette maniere moins propre que les précedentes, dont je me suis toujours servi pour ex-pédier plus promptement mes calculs : M. de la Hire donne une Table pour ce calcul.

Quand on a plusieurs pieces de bois de différentes longueurs, & de même grosseurs ou d'écarissage, com-me sont certaines solives, poutres, &c. on les ajoute ensemble, pour n'en faire qu'une longueur, & on en fait le compte comme ci-dessus.

Les pilots & les pieux se mesurent autrement que les bois équarris, à cause qu'ils ne sont pas également gros aux deux bouts, & qu'ils sont pour l'ordinaire arondis ; & pour cela on les mesure au milieu de la piece chacun à part, ou l'un après l'autre ; & cela avec un cordeau tout autour, qu'on rapporte sur une Regle divisée en pieds & pouces, sur laquelle on voit la circonference du pilot que l'on quarre, suivant l'usage ordinaire de la Géometrie : on fait un état en colomne, qui porte le nombre des pilots employés dans l'Ouvrage que l'on toise à mesure qu'on les voit mettre en place.

Voici le modele dont je me suis toujours servi.

Etat des pilots employés à la Pile de
du Pont de   *le, &c.*

Numerots.	Long.	Circonf.	Reduction en quarré.	Reduction en piés cub.
I	o	ŏ	o	●
2	&c.			

Pour éviter la peine qu'on a de calculer les bois ronds, j'avois pensé de dresser une Table sur toute sorte de longueur & de grosseur de bois. J'en conferai un jour avec le Sieur le Blanc, habile Géometre, Ingénieur dans les Ponts & Chaussées, qui me dit y avoir travaillé. Je le priai de me faire voir son Ouvrage, qu'il me montra, & me le donna. Je le rapporte cy-après, c'est à luy à qui le Public en a l'obligation: on abrege beaucoup la matiere par une semblable Table.

Table pour l'usage du Toisé des bois ronds.

Circonférences. Pouces.	Diamétres. Pouces. Lignes		Superficies. Pouces.
18	5	8	$25\frac{1}{2}$
19	6	$0\frac{6}{11}$	$27\frac{2}{3}$
20	6	$4\frac{4}{11}$	$31\frac{5}{6}$
21	6	$8\frac{7}{11}$	$35\frac{1}{12}$
22	7	0	$38\frac{1}{2}$
23	7	$2\frac{10}{11}$	$42\frac{1}{12}$
24	7	$7\frac{7}{11}$	$45\frac{5}{6}$
25	7	$11\frac{5}{11}$	$49\frac{2}{3}$

Circonferences. Pouces.	Diametres. Pouces.	Lignes.	Superficies. Pouces.
26	8	$3\frac{3}{11}$	$53\frac{2}{4}$
27	8	$7\frac{7}{11}$	$57\frac{11}{12}$
28	8	$10\frac{10}{11}$	$62\frac{1}{3}$
29	9	$2\frac{2}{11}$	$66\frac{5}{6}$
30	9	$6\frac{6}{11}$	$71\frac{1}{12}$
31	9	$10\frac{7}{11}$	$76\frac{1}{2}$
32	10	$2\frac{2}{11}$	$81\frac{5}{12}$
33	10	6	$86\frac{7}{12}$
34	10	$9\frac{\cdot}{11}$	$91\frac{11}{12}$
35	11	$1\frac{7}{11}$	$97\frac{1}{2}$
36	11	$5\frac{5}{11}$	$103\frac{1}{12}$
37	11	$9\frac{3}{11}$	108
38	12	$1\frac{1}{11}$	$114\frac{5}{5}$
39	12	$4\frac{10}{11}$	121
40	12	$8\frac{8}{11}$	$127\frac{7}{12}$
41	13	$0\frac{6}{11}$	$133\frac{1}{3}$
42	13	$4\frac{4}{11}$	$140\frac{1}{4}$
43	13	$8\frac{2}{11}$	$146\frac{1}{3}$
44	14	0	154
45	14	$3\frac{\cdot}{11}$	$161\frac{1}{12}$
46	14	$7\frac{7}{11}$	$168\frac{1}{4}$
47	14	$11\frac{5}{11}$	$175\frac{2}{3}$

Circonferences. Pouces.	Diametres. Pouces.	Lignes.	Superficies. Pouces.
48	15	$3\frac{1}{11}$	$183\frac{7}{11}$
49	15	$7\frac{1}{11}$	$190\frac{11}{12}$
50	15	$10\frac{10}{11}$	$198\frac{1}{6}$
51	16	$3\frac{8}{11}$	$205\frac{5}{6}$
52	16	$6\frac{6}{11}$	$215\frac{1}{12}$
53	16	$10\frac{4}{11}$	$223\frac{5}{12}$
54	17	$3\frac{2}{11}$	$231\frac{11}{12}$
55	17	6 .	$240\frac{7}{12}$
56	17	$9\frac{9}{11}$	$249\frac{5}{12}$
57	18	$2\frac{7}{11}$	$258\frac{5}{12}$
58	18	$5\frac{5}{7}$	$267\frac{7}{12}$
59	18	$8\frac{1}{11}$	$276\frac{3}{4}$
60	19	$1\frac{2}{11}$	$286\frac{5}{12}$
61	19	$4\frac{10}{11}$	$296\frac{1}{6}$
62	19	$7\frac{8}{11}$	$305\frac{5}{6}$
63	20	$0\frac{6}{11}$	$315\frac{2}{3}$

Je n'ay pas cru devoir continuer cette Table pour la mesure des bois ronds, audelà de 20 pouces de diametre ; à cause que rarement en employe-t-on de cette grosseur, & audelà.

Usage de cette Table

Pour mesurer la solidité d'un pilot, il en faut prendre la circonference au milieu, en réduisant la pointe qui a été affûtée pour recevoir la lardoire. Cette mesure se fait àvec une fiscelle, & ayant trouvé 30 pouces de circonference, & la longueur de 19 pieds, il faut chercher dans la Table & dans la Colomne des circonferences, celle de 39, qui donne pour diametre du pilot 12 pouces 4 lignes $\frac{10}{11}$, & pour superficie de son circuit 121 pouces en quarré, qui est dans la même ligne & dans la Colomne des superficies, laquelle on doit multiplier par 19 pieds, longueur du pilot; ce qui produit 2299, que l'on divise par 144, valeur des pouces d'un pied quarré; & le quotient $15\frac{119}{144}$, seront les pieds & pouces cubes que le pilot contient, dont les trois font la solive : ainsi si on prend le tiers, on aura 5 solives $\frac{119}{432}$ que le pilot contiendra.

On operera de même de tous les autres.

Table pour le Toisé des Bois ronds.
par M. SAUVEUR.

Premiere Table.				Seconde Table.				Troisiéme Table.			
Circonference. Pouces.	Centiéme de pieces.	Circonference. Pouces.	Centiéme de pieces.	Circonference. Pouces.	Milliéme de pieces.	Circonference. Pouces.	Milliéme de pieces.	Circonference. Pouces.	Dix milliéme de pieces.	Circonference. Poices.	Dix milliéme de piece.
18	6	35	23	18	60	35	226	18	597	35	225
19	7	36	24	19	67	36	239	19	665	36	238
20	7	37	25	20	74	37	252	20	737	37	252
21	8	38	27	21	81	38	266	21	812	38	266
22	9	39	28	22	89	39	280	22	892	39	280
23	10	40	29	23	97	40	295	23	975	40	294
24	11	41	31	24	106	41	310	24	1061	41	309
25	12	42	33	25	115	42	325	25	1151	42	325
26	12	43	34	26	124	43	341	26	1245	43	340
27	13	44	36	27	134	44	357	27	1343	44	356
28	14	45	37	28	144	45	373	28	1444	45	373
29	15	46	39	29	155	46	390	29	1549	46	389
30	17	47	41	30	166	47	407	30	1658	47	407
31	18	48	42	31	177	48	424	31	1770	48	424
32	19	49	44	32	189	49	442	32	1886	49	442
33	20	50	46	33	201	50	461	33	2006	50	463
34	21	51	48	34	213	51	479	34	2129	51	479

Monsieur Sauveur Maître des Mathematiques des Enfans de France , de l'Académie Royale des Sciences, que j'ay prié d'examiner cet Ouvrage des Ponts, m'a fait l'honneur de m'envoyer la Table ci-dessus, pour l'usage des bois ronds , de laquelle le Public pourra profiter. Comme la ligne courbe qui fait la circonference d'un pilot , est incommensurable, tous les calculs qu'on a pû faire jusqu'aujourd'huy , n'ont jamais été bien justes. On approche de la verité dans cette hypothese, autant qu'on peut , par une infinité de recherches que les plus grands Geometres ont fait sur ce Problême. C'est pour cela que M. Sauveur a composé trois Tables, & dont la troisiéme est plus juste que les précedentes, à cause de sa précision , qui approche le plus de la verité qu'on cherche.

Car la troisiéme Table est dix fois plus juste que la seconde , & la seconde que la premiere.

L'erreur dans chaque Table est au plus un sur le double du nombre des pieces. Ainsi la circonference étant de 18 pouces, l'erreur dans les trois Tables est au plus de 1 sur 12 , sur 120, sur 1194.

Et si la circonference est de 31 pouces, l'erreur dans les trois Tables est au plus de 1 sur 196 , 1958, 9582.

Il paroît par ces erreurs que la seconde Table suffit.

Dans chaque Table la premiere Colomne marque la circonference moyenne d'un bois rond , exprimée par pouces.

La seconde Colomne marque dans la premiere Table les Centiémes d'une piece de bois d'un pied de long.

Dans la deuxiéme les milliémes.

Dans la troisiéme les dix milliémes.

Ainsi faisant des multiplications avec la premiere Table , il faut retrancher deux chiffres ; avec la deuxiéme trois chiffres ; avec la troisiéme quatre chiffres.

EXEMPLE.

Un pilot de 36 pouces de circonference par son mi-

lieu, & 19 pieds de long; on demande combien il côn-
tient de pieces de bois ?

Vis-à-vis de 36 on trouve dans les trois Tables 24,
239, 2387, que l'on multiplie par 19; on aura par la premiere Table 456 pieces, ou 4 $\frac{14}{21}$ pieces; par la seconde
4, 541, ou 4 $\frac{27}{60}$

Par la troisiéme, à peu près la même chose, sçavoir
4, 5353.

Voici l'artifice de la troisiéme Table, sur laquelle les
deux autres ont été faites.

M. Sauveur suppose que la circonference d'un pilot
étoit d'un pouce, & pour avoir son diametre il dit:
Comme 355 est à 113, ainsi la circonference 1 est à $\frac{113}{355}$
qui sera le diametre. Il multiplie la circonference 1 par
le diametre $\frac{113}{355}$, ce qui donne 4 fois la base du cylindre;
ainsi la base du cylindre est $\frac{113}{1420}$.

Une piece de bois contient 3 pieds cubes, ou 144
chevilles de 3 pieds sur un pouce quarré; ou 432 chevilles d'un pied de long sur un pouce quarré. Il dit ensuite
Si 432 chevilles d'un pied de long font une piece, com-
bien $\frac{113}{1420}$ aussi d'un pied de long ? Il trouve $\frac{113}{613440}$ pieces
de bois, pour un cylindre d'un pied de long, & d'un
pouce de circonference. Et puis pour avoir le nombre
qui répond à la circonference 20, il dit: Comme le
quarré de la circonference 1 est à $\frac{113}{613440}$, ainsi le quarré
400 d'un pilot qui a 20 pouces de circonference; [car
les pieces augmentent en proportion des quarrés des
circonferences,] est à $\frac{4520}{613440}$ qui est le nombre des pieces d'un cylindre qui a 20 pouces de circonference,
& un pied de long.

Ensuite ajoutant quatre zeros au premier nombre
$\frac{45200.0000}{613440}$, il divise le numerateur 4520.0000 par le

dénominateur

dénominateur 613440, le Quotient est 737, que Monsieur Sauveur a mis dans la Table, vis-à-vis de 20, & ainsi des autres. Qui est une des plus grandes précisions qu'on ait pû inventer jusqu'aujourd'hui.

CHAPITRE XIII.

Des Pilots, & Pals-à-Planches.

L Es Pilots sont de differentes longueurs & de differentes grosseurs, suivant que les lieux où il faut les employer, different entr'eux. Plus la fondation est profonde, & que le poids qu'ils doivent supporter est grand, plus ils doivent être peuplés, & avoir de grosseur. On en met 18 à 20 à la toise quarrée, tant du plus que du moins, quand surtout le poids du mur est considerable. On les coëffe differemment, pour en assurer la tête, afin qu'ils ne puissent point dutout s'écarter du dessous de la Maçonnerie qu'il faut qu'ils supportent. On se sert de corps d'arbres de 10 à 15 pouces de diametre à la tête, tant du plus que du moins, que l'on couronne d'une Frête, pour l'empêcher d'éclater sous l'effort de la Sonnette quand elle l'enfonce.

Le bout est ordinairement armé d'une Lardoire qui a depuis 5 à 15 & 20 livres de poids, suivant la grosseur des Pilots ; cette Lardoire, qu'on appelle Sabot, ou Mouffle, en certains endroits à trois ou quatre aisles ou branches, chacune percée de 4 à 5 cloux, à tête plate, pour l'assurer aux quatre faces du bout du Pilot qu'on a ainsi affûté en pointe. On met même quelquefois un petit Dez de fer entre le bout du Pilot qu'on coupe quarrément, & le fonds de la Lardoire, afin qu'il soit plus assuré entre les Branches, & que le bois ne se refoule pas.

E

Monſieur Bullet dans ſon Traité d'Architecture, dit, qu'il faut que les Pieux ayent autant de pouces de dia-metre, qu'ils doivent avoir de pieds en longueur pour être proportionnés. Ainſi pour piloter, celui qui aura 12 pieds de long, doit avoir douze pouces de diametre. Ceux qui auront neuf pieds de long, doivent avoir 9 pouces de diametre, &c. Cette proportion luy paroît bonne, depuis 6 pieds juſqu'à 12; mais ſi les Pieux avoient 16 à 18 pieds de long, il ſuffira qu'ils ayent 13 à 14 pou-ces de diametre; & ce qui eſt affûté en pointe pour le planter doit avoir deux fois & demi à trois fois au plus le diamatre du Pieu. Ainſi ſi le Pieu a 9 pouces de dia-metre où l'on l'affûte, il doit être affûté en long de 27 pouces. Et pour faire une fondation ſolide, il prétend qu'ils doivent être peuplés tant plein que vuide.

Les Pilots à Rainure ſont ceux qu'on choiſit les plus droits, & qu'on équarri même bien ſouvent pour être employés en bordage, ſuivant la profondeur où ils doi-vent être mis; & ſuivant la longueur des Pals-à-Planches on fait les Rainures plus ou moins larges, toûjours avec un pouce ou huit lignes de jeu pour les recevoir. Ainſi, ſi la Pal-à-Planche a 3 pouces d'épais, la rainure en doit avoir quatre. Si la Pal-à-Planche a ſix pieds de long, elle doit avoir deux pouces d'épais, & la Rainure près de trois de large. Si la Pal-à-Planche a 12 pieds de long, qui eſt pour l'ordinaire la plus grande longueur de ces ſortes de bois, elle doit avoir 3 pouces d'épais, & la Rainure 4, & ainſi à proportion des profondeurs qu'on veut atteindre; obſervant de donner toûjours 2 pouces de creux aux Rainures des Pilots.

On n'a pas plûtôt enfoncé deux Pilots à plomb avec leurs Rainures, & que l'on plante l'un proche de l'autre à peu-près de la largeur des Pals-à-Planches qui doivent être de 12 à 15 pouces de large, ſur quoy on ſe régle quand on bat les Pilots, que l'on bat à l'entre-deux une Pal-à-Planche de calibre. Cette Pal-à-Planche écarte les

Pilots s'ils sont trop serrés, à force d'être battuë avec la Sonnette dans leurs Rainures, suivant la disposition du sable, ou du gravier mouvant, où ils sont plantés. Cela étant fait, on bat un autre Pilot, & ensuite une Pal-à-Planche à l'entre-deux, & ainsi toûjours consécutivement de même, en parcourant le pourtour de l'ouvrage qu'on veut fonder.

On arme les Pals-à-Planches de Lardoires, quand le terrain dans lequel on les bat, est rempli de Cailloux sur lequel le bout en pointe de la Pal-à-Planche peut s'émousser, ou se refouler, comme le bout d'un Pilot, quand on le bat à plusieurs reprises, lorsqu'il rencontre du Roc, qui ruine sa Lardoire, & dont la pointe se refoule sur le vif du Rocher. On couronne encore les Pals-à-Planches d'une Frête, comme les Pilots, en les affûtant par les côtés pour être battuës, toûjours sur le milieu de leur bois.

La Planche dix-septiéme, Figure 4, fait voir la maniere dont le bout du Pilot est armé, le profil de la Lardoire, comme il doit être façonné pour en faire faire un modele qu'on envoye aux Martinets où l'on les forge, leur nombre, le poids, &c. On fait des Pilots de Sapin, & de Pin, de même que des Pals-à-Planches. Je m'en suis servi dans l'occasion utilement, lorsque je n'ay pas pû trouver d'autre bois pour mieux faire, surtout dans les emplacemens qui doivent être couverts d'eau à toûjours.

✳✳✳✳✳✳✳✳✳✳✳✳✳✳✳✳✳✳✳✳✳✳✳✳✳✳✳✳✳✳✳✳✳✳✳

CHAPITRE XIV.

Des Echafaudages.

IL y a bien du génie à sçavoir dresser un Echafaudage. Les Ouvriers ont leurs manieres en toute sorte d'endroit, où ils ont coûtume de travailler ; mais d'abord qu'ils ont des ouvrages extraordinaires, ils perdent la Carte, & sont obligés d'y penser plus d'une fois. Ils prennent pour l'ordinaire avis de leurs Consors. On ne sçauroit apporter trop d'attention à de pareilles choses. Il y a beaucoup de la faute de celui qui conduit un ouvrage de conséquence, de ne faire pas assembler tous les principaux bons Ouvriers, pour prendre leurs avis touchant les Echafaudages à faire dans un ouvrage considerable, surtout dans les Ponts. Quand un malheur est arrivé, on blâme toûjours l'Ingénieur, ou l'Architecte qui est en chef pour faire faire le travail ; & celui-ci a toûjours à se reprocher, quand il arrive du mal aux Ouvriers qui n'ont pas l'esprit de sçavoir se conduire, & d'assurer les Echafaudages, sur lesquels ils doivent travailler.

Dans le rang des Echafaudages, je fais entrer les Ponts de Charpente qu'on dresse pour abreger le service, & pour le faciliter. Les Anciens nous ont laissé des marques des précautions qu'ils prenoient pour s'échafauder dans les grands ouvrages qu'ils faisoient ; & au lieu des troux de Boulin, que nous laissons ordinairement dans l'épaisseur des murs, pour assurer les Poutres à supporter les differens étages des Echafaudages, ils laissoient des Corbeaux, & des pierres en saillie, tant dans les Cintres des Arches vers les reins, & les retom-

bées en avançant les doüelles , ou l'intradoſſe des Vouſſoirs , un pied & demi , ou environ dans l'Arche , que
dans les paremens des murs de tête des Ponts vers les
reins des Arches , ſur les piles où l'on les voit encore
pour ſervir au poſage des pierres qui devoient faire la
façade de l'ouvrage. Les troux de Boulin dans une Arche
font toûjours un mauvais effet, qu'on ne referme jamais
bien ; au lieu qu'une pierre en ſaillie, peut être, ſi l'on
veut retaillée, ſuivant le vif du mur , & ne faire jamais
aucun tort à l'ouvrage.

On voit arriver tres-ſouvent des malheurs pour n'a-
voir pas bien Cintré des Arches, pour n'avoir pas bien
étançonné les Echafaudages.

Dans les reparations qui furent faites au Pont Aqueduc antique du Gard , par la Province du Languedoc,
& ſuivant les ordres de Monſeigneur de Baſville, Intendant , afin de l'empêcher de déperir, un Echafaudage
vint à manquer , deux Tailleurs de pierre avec l'Entrepreneur tomberent de 15 à 18 toiſes de haut, ſur un Roc
vif, deux reſtérent roides morts ſur la place ; l'Entrepreneur en échapa par le moyen du Trepan, & en per-
dant dans cette chute pluſieurs pieces de ſon Crane.

A Montfrin , petite Ville du Languedoc, où le Seigneur faiſoit travailler à la Sculpture d'un Fronton de
ſon Château, l'Ouvrier qui en étoit chargé fut aſſez
imprudent de ne pas aſſurer ſon Echafaudage , qui luy
manqua ſous les pieds ; il eut cependant le temps de ſe
retenir à la Corniche avec ſon Cizeau qu'il empoignoit
d'une main , ſans jamais le quitter , en guiſe de Cheville dans un joint. On accourut pour luy tendre une Echelle, ainſi ſuſpendu d'une main , gardant cette ſituation
ſans jamais dire le moindre mot, afin de ne perdre pas
ſes forces.

Un de ſes camarades le fut prendre pour le faire deſcendre ; il le trouva ſi roide & ſans mouvement qu'il eût
beaucoup de peine pour le retenir, & le deſcendre au

E iij

bas de l'Echelle, fans qu'il pût prononcer aucune parole. Il revint enfin, peu à peu, mais il a gardé fa main gauche pendant plus de fix mois, fans la pouvoir ouvrir avec liberté, à caufe de l'effort qu'il avoit fait à foûtenir tout fon corps pendant le temps qu'on reftât à le venir fecourir.

Ces malheurs doivent être évités par la prudence de celui qui conduit l'ouvrage ; il doit tout voir, être partout, & rien ne fe faire fans en être averti. L'un & l'autre de ces deux cas m'ont été racontés par l'un des Entrepreneurs des ouvrages mêmes, lorfque je fus vérifier & recevoir fon travail du Pont du Gard.

Les Echafaudages font tous differens les uns des autres, autant que les ouvrages où l'on les faits different entr'eux.

C'eft donc au génie, & à la conduite de celui qui a la direction de l'ouvrage, de les faire plûtôt d'une maniere que d'une autre, & de ne permettre pas qu'ils fe faffent, fans qu'on ne foit convenu de leur difpofition, des bois qu'il y faut employer, & des précautions fûres, qu'on doit prendre pour les bien établir.

Les Cintres à un Pont, font comme un Echafaudage, pour foûtenir les Vouffoirs de l'Arche ; & ces Cintres eux-mêmes ont befoin de plufieurs Echafaudages, bien fouvent pour pouvoir être dreffés, & mis en place. On ne fçauroit croire combien il en coûte pour conftruire un grand Pont, qui a furtout une profondeur d'eau confiderable, & un courant rapide audeffous, où l'on ne peut établir, ni Trêtaux, ni Etançons, pour pouvoir pofer les premiéres pieces de Charpente d'un Cintre, & qu'on ne peut même détourner les eaux. On a recours bien fouvent à un, & deux fils de Pieux qu'on plante vers le milieu de l'Arche, entre les piles, ou en d'autres endroits pour s'y affurer, à des bateaux qu'on attache aux piles, & fur lefquels on établit des étages, & des Charpentes pour commencer à pofer les principales parties des Cintres. Toutes ces differentes manœuvres demandent des soins tous particuliers, beaucoup de patience, & encore plus d'adresse, & de génie. Aussi on ne doit pas être surpris si dans la plûpart des Ponts les Entrepreneurs demandent qu'on leur passe le vuide des Arches, comme plein de Maçonnerie, depuis leur naissance dans le toisé, par rapport à la quantité des bois qu'il faut employer dans les Cintres, qui se montent bien souvent tout compté, autant que la Maçonnerie des vuides, estimés pleins. Ce sont enfin, des Forêts de bois qu'il faut employer pour Cintrer de grandes Arches. Il n'y a que la pratique, & la nécessité dans ces sortes de cas, qui enseigne la maniere de s'échafauder, qui differe dans tous les endroits, par rapport à la difference des lieux, & à celle des Ponts. Ainsi, on ne sçauroit établir des régles certaines, & generales, pour ces sortes d'ouvrages de Charpente.

CHAPITRE XV.

Des Cintres, Mortoises, & Poutres armées.

ON ne sçauroit faire un Pont de Maçonnerie sans Cintre; le Cintre est comme l'ame de l'Arche, & le modele sur lequel il doit être bâti; & si le Cintre n'est pas bien dressé l'Arche suivra sa mauvaise disposition.

Les conditions du Cintre, sont, qu'il doit être plus fort que la charge qu'il doit supporter; & les parties du Cintre, entr'elles doivent composer un Tout pour porter également chacune partie de la charge à proportion de leurs dimentions. C'est ici où celui qui donne le dessein d'un Cintre, doit employer toutes les régles des méchaniques, ou des forces mouvantes, & de

E iiij

la Phyſique, afin de proportionner la peſanteur de l'un
à la force de l'autre.

Un homme qui raiſonne dans ce qu'il fait, peut donner le détail du poids qu'il doit faire ſupporter à toutes
les parties d'un Cintre; & les uns ſoûtenant les autres,
ſervir comme tout autant de Leviers pour faire effort,
& mettre en équilibre la charge. Je ſçay que pluſieurs
qui ont fait des Cintres, & qui donnent encore aujourd'hui des deſſeins, n'ont jamais appris les Régles
des forces mouvantes, & n'ont pas laiſſé que de donner
de tres-beaux projets de Cintre, qui ont parfaitement
bien réüſſi à élever des Arches de Ponts; mais cela n'eſt
pas une raiſon qu'ils puiſſent toûjours également bien
faire. Il y a du hazard dans leur fait; & tant qu'un Maître Charpentier n'apportera pas des raiſons de la force
que doit ſupporter chaque partie qui compoſe le Cintre
dont il donne le deſſein, on doit toûjours douter de ſon
ouvrage.

Comme les forces dans les deſſeins des Cintres ſe
multiplient à l'infini, plus on y ajoûte des parties qui
ſupportent l'effort les uns des autres; les diſcours que
je pourrois faire là-deſſus n'auroient jamais fini. Je rapporte des exemples des ceux qui ont travaillé ſur cette
matiere. On peut voir Monſieur Blondel, dans celui
qu'il rapporte qui a ſervi à bâtir l'Egliſe de Saint Pierre,
qu'il dit eſtre de l'invention d'Antonio Sangallo, de 19
toiſes de diametre. Je donne les Cintres de Mathurin
Jouſſe. Planche 18, Figure 1ʳᵉ, 2ᵉ & 3ᵉ.

La premiere, eſt une Ellipſe dont le grand diametre
eſt d'environ 18 toiſes; la ſeconde, eſt un plein Cintre,
& la troiſiéme de même, de 9 toiſes de rayon.

La Figure quatriéme repreſente un Cintre pour la
plus grande Arche d'un Pont qu'on avoit projetté adoſ-
ſer à celui de l'Aqueduc du Pont du Gard, fait d'une
portion de Cercle, dont la Corde étoit d'environ 18
toiſes, dreſſé par feu le Sieur Daviller. J'ay été envoyé

fur les lieux du depuis, & ayant trouvé que je pouvois épargner quelque chofe dans l'emploi des Bois, & dans le compte que j'en ay rendu, je projettai le Cintre, Fig. cinquiéme. J'en propofe encore un autre de pareille grandeur, Fig. fixiéme. Tous les autres qui font audef-fous, Fig. 7e, 8e & 9e, font de 12, 6 & 4 toifes de dia-metre, que je donne auffi pour des projets de beaucoup moindres ouvrages, qui peuvent être augmentés, ou diminués, fuivant l'ufage plus ou moins grand auquel on voudra les employer.

Les Cintres plus ou moins forts, fe pofent à l'en-droit des Arches qu'on veut conftruire plus ou moins près à près, fuivant le poids, & l'étenduë de l'ouvra-ge, de 3, 4 & 5 pieds de diftance d'entrevoux. C'eft ici où le génie de celui qui conduit le travail, doit réünir toutes les forces de plufieurs Cintres à fupporter tous les poids des matériaux dont l'Arche eft compofée. Comme l'on en peut faire certainement un compte, on en peut faire auffi un de celui des bois, & les comparant enfem-ble, en tirer les conféquences neceffaires à l'ouvrage.

Quand une fois la grandeur des Cintres eft détermi-née, on trace à terre fur un Etalon la figure de l'Epure, avec les traits, pour fervir à la coupe des pierres, afin d'en dreffer les differens paneaux, fi c'eft une Ellipfe. Cela n'eft que pour les grands ouvrages qu'on prépare ainfi à terre une Aire planchoyée, & un Chantier ex-preffément; car pour des Arceaux, fuivant leur gran-deur, on fe contente de tracer leur Epure fur des murs bien unis, dans des grandes Salles, fur des carrelages, & où il peut être permis.

Les Cintres ordinaires, pour de petits ouvrages font compofés ordinairement, d'un entrait, d'un poinçon, de deux Arbalêtriers, ou à leur place de pieces de bois cintrées, fur lefquelles on pofe les doffes, qui fuivent le trait de l'Epure, & fur celles-cy, enfin les Vouffoirs en coupe de l'Arceau, ou de l'Arche qu'on veut con-ftruire.

La charpente d'une Armature de Cintre, s'amortoise différemment, suivant l'usage & l'effort qu'on luy
veut faire faire.

Elle s'amortoise par embrévement, & par enraille,
lorsqu'un Arbalêtrier porte sur un entrait, & toute
autre piece qui fait un pareil usage, comme une décharge.

A joint quarré, lors qu'une piece en supporte une autre à plomb, & quarrément, comme fait la tête d'un
Pilot, qu'on coëffe d'un Chapeau, ou d'un Travon.

A Epaulement, comme quand on fait porter une
Longueraine, ou une Lierne à côté de la tête d'un Pilot que l'on boulonne après, pour servir à pousser un
fil de Pals-à-planches à l'entre-deux.

A Mordant, & à Renfort, suivant le plus ou le
moins, dont on en a besoin, lorsqu'on veut faire porter
par about une piece à côté d'une autre orizontalement,

En About de Lien, comme quand on amortoise la
décharge d'une Lisse, avec la piece de Pont, & le poteau d'appui.

A Tenon à Tournice, lorsqu'on veut poser une piece sur une autre en décharge.

Et enfin à Tenons & Mortoises doubles, lorsqu'on
veut garder plus de sûreté, & de mesures dans les grosses pieces qui en ont le plus de besoin, comme plus ren-
forcées.

Le Tenon, est pour l'ordinaire le tiers de l'épaisseur
de la piece, & j'estime que quand il seroit les deux
cinquiémes, il n'en seroit que plus fort, & la mortoise qui le recevroit, auroit du bois suffisamment
de chaque côté pour s'entretenir, afin que le tout com-
paré ensemble à proportion des épaisseurs des uns & des
autres, fût également fort.

Les Poutres armées sont necessaires pour mettre à de
longues travées de Ponts de Charpente, lorsqu'une
seule Poutre, qui est pour l'ordinaire trop foible, ne

suffit pas pour supporter tout le couchis d'un Pont. On
les renforce donc avec deux ou trois autres poutres
moins longues, que l'on amortoise les unes & les autres
en décharge.

Je donne pour cela la maniere dont se sert Mathurin
Jousse, où l'on voit comme dans la planche 19ᵉ, Figure
premiere, la poutre est fortifiée par les deux décharges.

En la Figure troisiéme, elle est aussi rassurée par deux
décharges, avec une troisiéme piece au milieu qui rend
le tout encore plus fort.

Et enfin la Figure deuxiéme, montre encore une autre poutre armée avec deux décharges, entaillées par un
bout de toute leur épaisseur dans la poutre, les unes &
les autres boulonnées, & bien chevillées, soit avec
des Etriers, ou autrement à leurs abouts, ausquels on
peut mettre des plaques de plomb pour mieux porter
l'une contre l'autre, quand il y a trop de jour dans les
traits de Scie.

La maniere de feu Mathurin Jousse, qui a passé jusqu'à nôtre temps, a donné aux nouveaux, occasion de
penser encore plus juste, en faisant des poutres armées,
suivant la Figure 4ᵉ.

Sur toutes ces manieres on peut plus ou moins augmenter, ou diminuer les choses, pour faire l'effet qu'on
souhaite dans les divers projets des Ponts de Charpente
qu'on veut faire.

La maniere de décintrer un Pont, doit faire encore
toute l'occupation de celui qui a conduit l'ouvrage jus-
ques-là. C'est ici où l'on peut appliquer avec raison le
Proverbe du Sage; qu'en tout ce qu'il fait il doit prendre garde à la fin, à laquelle il destine la chose. C'est
ici où il reconnoît bien des fautes qu'il n'avoit pas pré-
vûës. Les Cintres ne se démontent qu'en les relâchant,
& on ne peut les relâcher, qu'en desaccôtant peu à peu
ce qui les supporte, qui sont comme les calles, & les
coins de bois dont on s'est servi pour les assurer dans

le commencement. On relâche peu à peu ces accôtemens dans les Cintres, afin que la Maçonnerie qui pese
deſſus, prenne également partout ſon affaiſſement, en
ſe relâchant partout à proportion de toute l'étenduë de
l'Arche. On laiſſe même le Cintre en place quelque
temps ſous œuvre, pour voir ſi l'Arche travaille, &
fait effort ſous le fais, & ſuit le Cintre. On y fait même
des Repaires à l'endroit des Clefs qu'on vérifie de temps
en temps. Quand enfin, on voit que les Vouſſoirs ont
fait tous leurs efforts ſous la charge, on deſaccôte entierement tout l'ouvrage, & on en retire les doſſes;
enſuite les Courbes, les Potelets d'appui, les Décharges,
les Liernes, les Poinçons, les Arbaleſtriers, les Entraits, & les Echafaudages dont on s'étoit ſervi pour
cela.

On arrache aiſément les Pieux qui ſe trouvent enga-
gés au milieu de l'Arche, qu'on a fait ſervir pour ſupporter les Echafaudages. On les perce à la tête. On paſſe
un morceau de cable par le trou qui tient au bout d'un
Levier, par le moyen duquel on tourne le Pieu qui le dé-
racine du lieu où l'on l'avoit planté ; pour lors on le
ſoûleve de deſſus l'eau, avec une Pince entre deux Bateaux, ou par le moyen des Entraits des Cintres qu'on
fait ſubſiſter encore à cet effet, s'il eſt de beſoin juſqu'à la fin ; d'autres ſe ſervent d'une Chevre avec ſon
tour, qui avec une Corde paſſée à ſa Poulie iſſe le Pieu
en haut, tandis que d'autres le battent avec une longue
ſolive, en l'ébranlant par les côtés.

Quand par un malheur extrème, lorſqu'on décintre,
l'Arche ſuit le deſaccôtement de la Charpente, & que
l'on reconnoît qu'infailliblement tout l'ouvrage écroule-
roit ſans l'aſſemblage des Cintres qui le maintient, du
moins on a la ſatisfaction de démonter toute l'Arche
ſans rien perdre des matériaux que la façon, pour la
reprendre de nouveau à mieux faire ſelon la reforme
qu'on aura jugé à propos d'établir d'une autre maniere

à l'ouvrage, foit en meilleure Chaux, foit en Vouffoirs
de plus longue portée, & d'une coupe plus jufte, &c.
C'eft ici une précaution que je rapporte, que peu fuivent, & dont ont fe trouve tres mal quelquefois, quand
pour avoir décintré tout à coup une grande Arche qui
n'a point fait encore de prife, on la voit travailler à
tout moment par des éclats dans les Vouffoirs, qui enfin ne pouvant plus fupporter la charge de l'ouvrage,
s'éfondre dans la Riviere, où tous les matériaux perif-
fent, & ferment bien fouvent le paffage à la navigation.
J'ay vû arriver de pareils malheurs à des Ponts confiderables, qu'on auroit pû éviter fi l'on eût fuivi ces maximes.

CHAPITRE XVI.

Des Machines, & Engins,

PAR les Machines & Engins, on entend
tout ce qui eft propre à remuer des gros
fardeaux, & à multiplier les forces de maniere qu'un homme puiffe faire feul avec la
Machine, ce que deux, & plufieurs ne
fçauroient faire autrement.

Les Machines dans les ouvrages font propres à divers ufages ; les unes fervent à enlever, & à foûlever
des grands fardeaux, comme les Gruës, les Tours, les
Engins, & Efcoparches, les Chévres, les Crics, les
Singes, les Verrins, & les Leviers.

Les autres fervent à les tranfporter d'un lieu à un autre, comme font les Rouleaux, les Chariots, les Tours,
les Vindas, ou Cabeftans, & les Diables, qui font des
grands Chariots à Vis, qui enlévent pardeffous, &
entre leurs Rouës, les grands fardeaux qu'on veut tranfporter d'un lieu en un autre.

Dans les fondations on employe les Machines qui ſervent aux épuiſemens, comme ſont les Puits à Rouë, les
Chapelets, les Hollandoiſes, les Vis ſans fin, les Pompes, &c. Mais de toutes je n'en trouve pas de plus propre que celle du Baquet qui eſt la plus ſimple. Toutes les
autres dont je me ſuis ſervi, m'ont tres-ſouvent plus
embaraſſé dans les ouvrages qu'elles ne m'ont profité. Il
ne faut qu'une Clavette pour rendre inutile un Chapelet,
& avant qu'on en ait poſé un autre en place, les ſourcillemens qui coulent toûjours, rempliſſent en peu de
temps les excavations qu'on avoit déja épuiſées. Les Vis
ſans fin d'Archimede, ne vuident pas fort haut les eaux
ſans des peines incroyables. Je ne trouve enfin rien de
plus naturel que les bras des hommes joints au Bacquet
à deux Anſes, ou à deux poignees, qui ſans interruption épuiſent ſans ceſſe, nuit & jour à differentes hauteurs, & à differentes repriſes; & qui ſont relevés à chaque heure, ou de deux en deux heures par leurs camarades. Et quand quelques-uns tombent malades, les hommes
qui ne manquent jamais dans les travaux, remplacent
bientôt ceux qui viennent à quitter par quelque indiſpo-
ſition. On fera voir cette manœuvre, lorſque je parlerai
des Bâtardeaux, qu'il faut établir expreſſément pour cette
ſorte d'épuiſement, qui eſt la plus ſeure, & ſans courir
aucun riſque de manquer à l'ouvrage.

Les Hollandoiſes ne portent pas l'eau aſſez haut, &
les Puits a Rouë tiennent un trop grand eſpace, au lieu
que les hommes qui baquettent, ſe rangent dans de fort
petits endroits, autour des fondations, & des Bâtardeaux, où l'on en range la quantité qu'il en faut, &
que l'on augmente à meſure qu'il vient une plus grande
abondance d'eau par des nouveaux ſourcillemens qu'on
n'avoit pas prévû, & qu'il faut enfin épuiſer. Chacun a
enfin ſes manieres. On ſe ſert des plus commodes, par
rapport aux occaſions, & aux difficultés qu'on trouve
plus ou moins grandes.

CHAPITRE XVII.

Des Bâtardeaux.

LEs Bâtardeaux font autant differens entre eux, que les ouvrages aufquels ils doivent fervir, different enfemble.

Quand pour fermer des Canaux, ou des Foffez, on peut faire des Bâtardeaux de fimple terre, on doit les preferer à tous autres ; mais leur attache doit fe faire à un terrain ferme, les Bois, les Pierres, & les Fafcines qu'on peut employer à ces fortes d'ouvrages, font tres-nuifibles. Les uns & les autres, font tranfpirer fans ceffe les eaux qui les renverfent le plus fouvent.

On ne doit pas non plus attacher ces Bâtardeaux de terre à des murs. La terre ne fe lie jamais avec la pierre, moins encore avec la taille, & les eaux fe filtrent fans ceffe à leur entre-deux, ou dans les joints que la terre ne peut pas garnir. J'en ay vû arriver des accidens tres fâcheux.

Les Bâtardeaux faits de terre, doivent être élevés plus que la fuperficie des eaux qu'ils retiennent d'un pied & demi, qu de ce qu'on juge à propos, & avoir de couronne une toife, avec le talud des terres, tel que leur pefanteur leur fera prendre de part, & d'autre par la nature ; & c'eft ainfi qu'on les peut pratiquer dans les eaux dormantes.

Quand c'eft pour traverfer un Foffé, un bras de Riviere qu'on veut détourner d'autour d'une fondation de pile, ou de tout autre ouvrage, & que le Bâtardeau demande de plus grandes précautions, par rapport à la hauteur des eaux qu'il doit fupporter, & où elles font courantes;

on doit faire le Bâtardeau avec des Pieux, plantés de 3 en 3 pieds de diſtance, ſur la longueur de part & d'autre de la largeur du Bâtardeau.

Ces Pieux ſeront arrêtés par le devant, de part & d'autre, d'une longue Raine, ou d'une Lierne, arrêtée par des entre-toiſes, amortoiſées à moitié ; le tout chevillé, ou boulonné, ſuivant l'Art. L'entre-deux des Pieux ſera garni de Pals-à-Planches, armées de Lardoires, ou affûtées en pointe de même que les Pieux, ſuivant le plus ou le moins de conſiſtance du terrain dans lequel on les plantera avec une maſſe de 2 à 3 Manches, ou bien autrement on les garnit de Vannes. Toute la Charpente entrera ainſi dans terre tout au moins un quart de la hauteur de l'eau qu'elle doit ſoûtenir. C'eſt la proportion que j'ay toûjours gardée dans les occaſions de cette nature que j'ay fait conſtruire, & dont je me ſuis bien trouvé. Je ſuppoſe pour cela que le terrain eſt d'une conſiſtance aſſez forte, & ordinaire, & que ce n'eſt, ni ſable, ni bourbe.

Autre difficulté ; c'eſt la largeur que l'on doit donner à ces Bâtardeaux, par rapport à la hauteur de l'eau qu'ils doivent ſupporter. Je dis qu'elle doit être égale à celle de l'eau. Ainſi, un Bâtardeau ſera de trois pieds de large de dedans en dedans œuvre, entre la Charpente, lorſqu'il n'aura que trois pieds d'eau à ſupporter ; & qu'il doit avoir deux toiſes de large, lorſqu'il aura deux toiſes d'eau à retenir ; j'établis mon raiſonnement ſur la peſanteur des corps, qui n'ont de retenuë que par rapport à la Diagonale de leurs quarrés. Ainſi, un pouce d'eau avec ſa Baſe de retenuë, qui formera un triangle rectangle, ne donnera par ſes deux côtés que deux pouces qui ſeront en équilibre avec l'hypotenuſe de ce même triangle rectangle, dont les côtés ſont égaux, qui ne vaut & ne peſe non plus que deux pouces. Et par là tous les deux étant contrebanlancés, ne feront aucun effort l'un contre l'autre. La terre au contraire peſera

plus

plus que l'eau de vingt-trois soixante-douziéme, le sable de soixante soixante-douziéme ; mais comme il est
mouvant, & qu'il laisse plusieurs petits vuides entre
les parties des uns & des autres, l'eau passe au travers.
C'est à cause de cela qu'on ne s'en sert pas dans les Bâtardeaux par cette mauvaise disposition. La pierre d'un
vingt-un soixante-douziéme, & le bois de Chêne
moins que l'eau de douze soixantiéme. Tout cela est
supposé dans des eaux assez tranquilles, mais si les eaux
sont courantes, par rapport à leur plus ou moins de
rapidité on fait les Bâtardeaux plus larges ; c'est-à-dire, d'une hauteur & demie, ou de deux qu'elles ont de
profondeur.

L'entre-deux de ces Bâtardeaux doit être un corroyement de terre-glaise. Il y a plus de précaution qu'on
ne pense pour faire un bon corroyement. Pour qu'il soit
dans l'ordre, on bat la terre-glaise, sur un planchet
fait expressément près l'ouvrage, qu'on réduit en mor-
ceaux gros comme des noix, & où il n'y ait pas le moindre brin de sable. On l'arrose la veille du jour qu'on
doit l'employer, afin de l'humecter, & la préparer. Le
lendemain matin on la foule aux pieds, & on en fait
des pelotons, ou des masses, telles qu'un ou deux hommes peuvent porter avec la Civiere, avec le Bayard,
ou avec la Brouette, qu'on va renverser, & couler à
fonds du Bâtardeau, qu'un ouvrier corroye avec un
Tampon, arrêté au bout d'un bâton fouloir, & cela
jusqu'à la superficie de l'eau qu'il faut retenir.

Les Bâtardeaux autour des piles pour servir aux épuis-
semens, doivent être f s avec bien plus de précautions. Quand une fois on a déterminé la profondeur
dans laquelle on a à fonder la pile d'un Pont, supposé
que ce soit d'une toise avec des empatemens, & des retraites d'un quart de la hauteur, on se retire du pied
de l'ouvrage à Maçonner, de pareille largeur qu'il doit
avoir de hauteur. Et l'on pousse pour lors tout autour

F

de la pile deux fils de Pilots efpacés les uns des autres
de toife en toife , ou de trois pieds, plus ou moins fuivant les circonftances des lieux, que l'on garnit de longues-raines,à l'entre-deux defquelles on bat de Pals-à-
Planches·, de 6 , 9 à 12 pieds de profondeur , ou que
l'on vanne des planches en travers , fuivant la neceffité
qu'il y a de les faire plus ou moins longues. Ce Bâtardeau ainfi établi par un double fil de Pieux, & Pal-à-
planches, arrêté par des entre-toifes, eft déblayé à trois
pieds tout au moins audeffous des plus baffes eaux de la
Riviere, & jufques au fonds de confiftance, s'il eft
poffible , fuivant les occafions , lequel déblai on regarnit de terre-glaife. On fait après l'enlévement du gravier de l'emplacement de la pile , fur toute l'étenduë
du Bâtardeau , à deux pieds ou à un pied & demi audeffous de la profondeur des plus baffes eaux de la Riviere. Après quoy on place les Machines à épuifer les
eaux fur les bords, & le plus près du Bâtardeau. On
y en place plus ou moins, fuivant la néceffité qu'il y a
de tenir l'emplacement à fec pour donner le moyen aux
Travailleurs d'enlever les déblais, & à faire les fouilles pour fonder la pile auffi baffe qu'on fe l'eft propofé , & que les fondes qu'on a fait de l'ouvrage l'ont
déterminé.

J'ay rapporté cy-devant les Inftrumens dont on fe fert
pour les épuifemens. Je me fuis fervi des uns & des autres. Et je ne me fuis jamais mieux trouvé pour être
feur de mon fait, que de l'établiffement à plufieurs étages des petits refervoirs de planches faits expreffément,
dans lefquels les hommes deux à deux, enlévent & pui-
fent les eaux avec des Bacquets à deux mains , ou deux
Manches , & les vuident pardeffus les Bâtardeaux dans
des écouloirs, & des Canaux de planches qui les con-
duifent dans le courant de la Riviere.Le profil de la Figure que je donne pour cela , fait voir à l'inftant cette
maniere qu'on fait plus ou moins haute, fuivant la

quantité des déblais qu'on a à enlever, & à fonder fort bas.

CHAPITRE XVIII.

Des Fondations des Ponts.

DE tous les Auteurs Architectes qui nous ayent donné des régles pour fonder les Ponts, Scamozzi est le seul qui en a parlé. Il dit qu'on les fonde de quatre manieres differentes.

La premiere, en renfermant tout à l'entour l'espace, dans lequel on veut bâtir, par des Bâtardeaux faits de Pieux fichez jusqu'au fermé, à deux rangs bien fermes, & bien liés par de bonnes Amoises, & de Liens, remplis entre-deux, de craye, ou d'autre terrain qui arrête l'eau. Après quoy il faut vuider l'eau de dedans, & creuser la fondation selon la qualité du terrain, le pilotant même, s'il est nécessaire ; dans lequel il faut asseoir les murs des fondemens. Cette maniere n'est bonne que pour bâtir sur les Rivieres qui ne sont ni trop rapides, ni trop profondes.

La deuxiéme, se fait en construisant les fondemens sur des Grilles, ou Radeaux de bon bois de Chêne bien forts & bien liez, soûtenus sur la surface de l'eau avec des Cables, ou des Machines, & les bâtissant de gros quartiers de pierre cramponnez, & joints avec bon Mortier de Chaux, ou de Pozolane, ou Ciment ; puis les laissant descendre avec les mêmes Cables, & Machines doucement, & bien à plomb jusqu'au fonds de l'eau, comme on a fait, dit-il, au temps de l'Empereur Claude au Port d'Ostie, & comme Draguet Reys fit au siecle passé à Constantinople, en la belle Mosquée qu'il fit conſtruire dans la Mer. Cette maniere demande un bon fonds, égal & bien uni.

La troiſiéme, eſt de faire couler, ou toute, ou la plus grande partie de l'eau du Fleuve en quelqu'autre endroit, ſoit en luy faiſant un autre lit, ou en le laiſſant tomber dans des foſſes profondes, en quoy il faut uſer, dit-il, de grandes diligences, avoir tous ſes matériaux prêts, & grand nombre d'Ouvriers qui puiſſent avoir ſuffiſamment avancé l'ouvrage en peu de temps, afin que la Maçonnerie ait fait bonne priſe, .& ſe ſoit un peu affermie, avant que l'on ſoit obligé de remettre le Fleuve dans ſon premier lit.

La derniere qui eſt celle dont il croit que Trajan s'eſt ſervi pour la conſtruction de ſon Pont ſur le Danube, eſt de creuſer un nouveau lit dans l'endroit où le Fleuve ſe rapproche de luy-même, après avoir fait un grand coude, ou détour, puis bâtir le Pont à l'aiſe, & à pied ſec à cet endroit. Et lorſqu'il eſt bien affermi, ouvrir le paſſage au courant par les deux bouts, en fermant avec de fortes Digues le premier lit, par lequel le Fleuve couloit en ſe détournant de ſon droit cours. Et cette maniere, dit-il, eſt la plus ſeure de toutes.

Pour fonder les piles d'un Pont, ſi le terrain eſt molaſſe, il faudra piloter, après avoir ôté autant qu'il ſe pourra de ce terrain. Il en faut faire autant s'il eſt de ſable, ou de gravier; & creuſer le plus bas que l'on pourra tout à l'entour de la pile à une diſtance raiſonnable, laquelle il faut renfermer avec des Pieux fichés, & bien attachés l'un à l'autre, rempliſſant cet eſpace entre la pile & les Pieux avec de la craye, ou du terrain fort qu'il faut battre & affermir. Ce qui pourra, pour quelque temps empêcher que le courant ne dégarniſſe le deſſous des piles, emportant le ſable, & n'en cauſe la ruine.

Les Piles doivent aller depuis le bas en haut en diminuant. Les Arches être en nombre impair, plus élévées que les plus hautes inondations ; l'Architecture des Ponts doit être unie , & rustique.

Scamozzi donne ensuite le dessein de son beau Pont de pierre , & un autre de charpente. On peut voir le profil de ce dernier , dans le Traité de la Charpenterie par Monsieur de la Hire.

Monsieur Blondel rapporte la maniere dont il s'est servi pour fonder le Pont de Xaintes sur la Charante , qu'il a fait bâtir.

L'ancien Pont avoit été renversé , parce qu'il avoit été fondé sur de la glaise qu'on avoit piloté , en sorte qu'il trouva que le regonflement du terrain ayant fait remonter les Pilots , avoient jetté bas le Pont. Les Pilots par le renflement de la glaise sortoient de plus d'un pied au-dessus du niveau des autres.

Les sondes alloient dans cette glaise jusqu'à 60 pieds de profondeur , faites d'un gros Tarier dont les bras étoient de Fer , de la longueur de 3 pieds chacun , & qui s'emboîtoient l'un à l'autre avec de bonnes Clavettes. Après avoir fait creuser à 7 pieds au-dessous du fonds de l'eau , tout l'ouvrage contregardé , & entouré d'un bon Bâtardeau , mis les Excavations de la fouille de niveau , il fit poser une Grille de bois de Chêne sur toute la fondation de 12 à 14 pouces de gros , tant plain que vuide , & quarrément sur la longueur & largeur de tout le bâtiment en platée , occupant non seulement l'endroit des piles , mais encore le Radier , ou le vuide des Arches. Les Chambres de la Grille remplies de bons quartiers de pierre de taille , le dessus couvert de Madriers de 5 à 6 pouces d'épais , bien chevillés sur toute la Grille. Ensuite sur cette Charpente , on a bâti une fondation de Maçonnerie de 5 pieds d'épaisseur. Le tout de niveau , avec bonnes pierres de taille pour parement bien cramponées. C'est sur cette platée de 5 pieds d'épais qu'on a élevé les piles , qui pour

E ij

la premiere année furent seulement montées à la hauteur des impostes, afin qu'elles pussent pendant l'hiver faire bonne prise.

Monsieur Blondel fait voir ensuite, que quelques précautions que les Architectes prennent pour asseoir les ouvrages sur de bons fondemens, elles sont fort conjecturales & incertaines. Il compare pour cela l'Architecte à un Medecin qui ne travaille que sur des conjectures.

Qui a dit à ce premier, dit-il, que bâtissant sur un fonds de consistance qui luy paroît tel, il ne se rencontre pas une molasse, ou mauvais terrain audessous de celui-ci, & que le poids de l'Edifice peut affaisser, & renverser par-là.

A cette occasion je puis rapporter un exemple semblable arrivé à une des Isles d'Oleron ou de Ré, où le Roy faisant bâtir des Fortifications, un pan de mur écroula, quoique bâti sur un Banc de Rocher, à cause qu'audessous il y avoit un creux qu'on ne pouvoit pas prévoir. C'est ainsi que la chose m'a été racontée.

Monsieur Blondel rapporte pour confirmer ce qu'il dit, c'est que les gros murs de l'Eglise du Val-de-Grace à Paris, s'affaisserent par un côté, quoique bâtis en un bon fonds, à cause qu'il se trouva audessous de grands creux qui avoient été faits autrefois pour tirer de la pierre à quelques toises audessous, & où il y avoit eu des Carrieres.

Michel-Ange Bonarote a fait fonder le Dome de Saint Pierre de Rome, avec toutes les précautions imaginables. Cet ouvrage n'a pas laissé que de s'entr'ouvrir, à quoy on a remedié en le liant d'une ceinture de Fer, d'une grandeur, & d'une grosseur extraordinaire, qui a coûté plus de cent mille écus. On estime que cette fraction du Dome est un effet des eaux de source qui coulent sous terre, du haut des Montagnes du Vatican, & du Janicule, qui ont dilayé les fondemens de ce grand Edifice. Ainfi perfonne par ces exemples , & par plufieurs autres, ne peut jamais répondre des fondations d'un bâtiment.

La Corderie de Rochefort, du deffein de Monfieur Blondel, a 216 toifes de longueur non compris les pavillons qui font aux deux bouts , & 4 toifes de largeur entre les murs, à 2 étages, bâtie fur un grillage, tant plein que vuide, de 10 à 12 pouces de gros, pofé fur un fonds de terre-glaife. Sur ce même grillage on a établi des plate-formes bien chevillées, enfuite une couche de pierres de taille, & bons libages après, montant roûjours le bâtiment avec des affifes réglées, & de niveau partout également, afin qu'il n'y eût pas plus de poids d'un côté que de l'autre , pour faire équilibre dans toutes les parties de l'ouvrage. Ce Bâtiment ainfi élevé a parfaitement bien réüffi.

Monfieur Blondel remarque encore que les matériaux à Paris, n'ayant pas la même folidité que ceux qui font en Italie, qui peuvent être de Marbre, & infiniment plus durs, ne permettent pas qu'on faffe à Paris des Ponts avec autant de délicateffe , & auffi dégagés que ceux qu'on fait en Italie, qui ont beaucoup moins d'épaiffeur à l'endroit des Clefs des Arcades.

C'eft là tout ce que j'ay pû ramaffer des Auteurs Architectes qui ont traité de la matiere des Ponts, & de leurs fondations. Je vay propofer mes conjectures fur ces difficultés.

Quand entre les Bâtardeaux, on a enlevé les déblais pour fonder une pile, & que le fonds qu'on a atteint pour l'établir ; jufqu'où l'on s'étoit propofé de fonder, eft de confiftance, ou bien de gravier, ou de fable rapporté, &c. On prend differens partis.

Si le fonds eft de confiftance, il eft, ou uni, ou en rampe, ou bien de niveau, de roc, ou d'autre terrain plus ou moins folide ; & de quelque nature que foit le fonds de confiftance , on doit le mettre de niveau, foit dans le tout, foit en partie, & par reffauts, & établir deffus la Maçonnerie qu'on encaftrera de quelques pouces, fi le temps, & les épuifemens le permettent, & fuivant la difpofition du terrain. On établira après la première affife de pierres de taille, de même que tous les paremens, jufques à la hauteur des plus baffes eaux, où l'on commence ordinairement la naiffance des Arches, fuivant le plus ou le moins qu'elles doivent être élevées. Les fondations en parement feront faites avec des retraites, fuivant la hauteur des affifes, qui doiv nt être toutes de niveau. Le reftant de l'ouvrage bâti fuivant l'Art, & avec les matériaux que le pays peut fournir, foit en Moëlons de Carriere, foit avec Cailloux, ou bien de Brique. De tous lefquels on peut compofer par ordre un corps de Pont parfaitement beau & folide.

Si le fonds qu'on a déblayé n'eft pas de confiftance, & qu'on fe foit propofé de fonder les piles du Pont avec des Grillages, peuplés de Pilots de remplage, & de bordage, avec des Pals à-planches, entre des Pilots à Rainure, ou fans Rainure, toute cette Charpente qu'on doit avoir toute prête, doit être pofée inceffamment, pour épargner les épuifemens qui confomment en frais ceux pour le compte de qui ils font faits.

On pofe, 1°, la Charpente de la Grille, 2°, les Pilots de remplage, en obfervant de commencer par ceux du centre, & fuivant ainfi toûjours en tournant jufqu'à la circonférence, où doivent être plantés ceux de bordage. Si l'on commençoit par ceux-ci ils refferreroient fi fort l'entre-deux du gravier, qu'ils entourreroient, qu'il ne feroit pas poffible d'y battre enfuite des Pilots de remplage, de fi compacte que le terrain deviendroit ; de maniere qu'on a raifon de dire que quand on a enfermé de cette façon un terrain de mauvaife confiftance par des Pilots de bordage,

& des Pals-à-planches , avec un Grillage au milieu.
On peut fonder feurement un corps de pile fans Pilots de remplage , à caufe que tout le terrain entre les
Pilots de bordage , forme un corps fi dur qu'il peut
fupporter quelque poids que ce foit, dont on veuille
le charger , parce que le terrain fur léquel on l'établit, qui eft devenu tres ferré , ne peut plus s'écarter
audelà des Pilots de bordage , & des Pals-à-planches
dont il eft environné, & comme contregardé par un
mur.

Chaque Pilot qu'on bat avec la Sonnette, fait à
peu près dans le gravier , dans le fable , ou dans le
terrain où l'on le plante, des Cercles autour de luy
qui ébranlent les parties du fable, & les écartent de
fon centre, tout comme une pierre qu'on jette dans
l'eau , écarte celles de ce liquide, où l'on voit que
depuis l'endroit de fa furface où on l'a laiffée tomber,
les parties de l'eau s'en écartent par des lignes circu-
laires, & qui vont communiquer leur mouvement bien
loin, jufqu'à ce qu'elles rencontrent d'autres corps
qui leur réfiftent, & contre lefquels elles réfléchiffent.
C'eft de cette maniere que les Pilots écartent les fables
autour d'eux, & les refferrent quand ils trouvent d'autres Pilots de bordage qui les renferment , & qui ne
leur laiffent pas la liberté de s'échaper audelà en le
réfléchiffant.

La différente qualité du terrain de confiftance plus
ou moins mauvais qu'on trouve en fondant des piles,
fait de la peine à ceux qui n'ont pas toute l'experience
qu'il faut pour ces fortes d'ouvrages, & pour prendre fur le champ le meilleur parti. J'en vay rapporter
un exemple.

Le Pont de Courfan en Languedoc, dont j'ay déja parlé , fut renverfé par une inondation, il y a environ 10 à 12 ans.

Les ruines de ce Pont en tombant remplirent les vui-

des, & les creux des foüilles que les eaux avoient fait
en le dégravoyant. Il y en avoit qui paroissoient au dehors de la superficie de l'eau. On proposa de rétablir
ce Pont. On fit à l'accoûtumée un Bâtardeau autour
de la pile pour supporter la grande Arche, qui étoit
de 12 toises d'ouverture, ou environ, avec toutes les
suites des matériaux de Charpente qui accompagnent
de pareils ouvrages, & qui se montoient à près de
dix mille livres. On ouvrit les foüilles de ce grand
Bâtardeau. On enleva tous les matériaux du Pont
autant qu'on put, qui avoient écroulez, afin de faire place à la nouvelle Maçonnerie qu'on devoit établir pour construire la pile. Quand on fut prêt à fonder, on sonda l'emplacement de l'ouvrage, on ne trouva que du haut, & du bas, tantôt 3 à 4 pieds, &
tantôt 15 à 16, sans consistance, sur lequel terrain
on devoit poser un Grillage. L'Inspecteur representa
ces difficultés à Monsieur de Basville, Intendant,
qui chargea Monsieur de Montferrier, Syndic General,
de faire assembler les Ingénieurs, & les Architectes
de la Province. Je fus appellé pour donner mon avis.
Les uns vouloient transporter la pile dans un fonds
plus uni, & quitter l'emplacement du Bâtardeau déja
fait, & construire une Arche de 15 à 16 toises d'ouverture ; les autres au contraire prétendoient la diminuer en rapprochant la pile pour la sortir de l'a-
plomb de ce mauvais terrain, qui n'étoit que du haut
& du bas. Je fus chargé par la Compagnie de sonder
l'ouvrage. J'en fis le Plan, que je rapportai à l'Assem-
blée, à qui j'en rendis compte ; mon avis fut contraire
à tous ceux que j'ay rapporté cy-dessus. Je fis voir
que quoy qu'il n'y eut que du haut & du bas, les Pilots longs & courts, portant également partout, ren-
doient l'ouvrage également solide, dans tout son emplacement, & qu'ainsi on ne devoit plus faire aucune
difference du haut & du bas dans cette fondation.

& qu'on la devoit concevoir, comme portant partout également. Qu'on épargnoit par cet endroit dix mille livres à la Province, sans compter la refection des Cintres qu'il falloit changer, & qu'on mettoit à cette Campagne les fondations hors de l'eau pour finir l'ouvrage dans l'année ; & autrement, quelqu'autre parti qu'on prît, on ne pouvoit pas fonder plus seurement, ni épargner les dix mille livres, ni finir l'ouvrage en si peu de temps. Mon avis fut suivi. L'ouvrage a réüssi. Et il est aujourd'hui permanent.

Je vay rapporter par digression deux autres exemples de fondations bien plus difficiles que la précédente, que ceux qui sont nouveaux à ces sortes de choses seront bien aises peuteftre de sçavoir, pour en faire un bon usage, si la chose leur convient, & que l'on ne trouve pas dans les Livres qui traitent de l'Architecture.

Le premier est, que je fus chargé de faire le Plan, Coupes, Devis, & estimation du Bâtiment des Officiers des Gabelles de Peccais. Ce Bâtiment peut loger 30 à 40 Gardes, Directeur, Procureur, Principal, Controlleur, Commandant, Brigadier, Aumônier, &c. Le Bail passé, l'Entrepreneur traça les allignemens suivant le Plan, fit les fouilles, & trouva à un bout du Bâtiment sur toute sa largeur, après avoir enlevé les premieres croutes qui couvroient le terrain, un fonds de si peu de consistance, qu'un chambranle de de deux toises de long, entroit dans le terrain vaseux sans beaucoup de résistance, pressé à la main sans trouver aucun fonds, & duquel chambranle je me servis en guise de sonde, faute de trouver mieux. Je fus appellé pour mettre ordre à ce vilain endroit, & pour l'assurer. Je fis ouvrir pour lors toute l'excavation d'un bout à l'autre, & au lieu de deux pieds qu'elle avoit de large, pour porter en parpain un mur de pierre de taille de 12 à 15 pouces d'épais, je la fis élargir de 3

pieds. J'établis dans tout cet espace des racinaux,
& des plateformes faites de vieux sommiers de Sapin
sur lesquelles on bâtit les fondations jusqu'au rez de
Chaussée, par differentes retraites réduites à 3 pieds.
Après cela je calculai quel étoit le poids que devoit
avoir le Bâtiment audessus de cette fondation, soit en
comble, plancher, murs de refend, & d'un Escalier
dérobé qui devoit porter partie dessus, & ayant trouvé un certain nombre de milliers pesant, je fis charger
cette fondation d'un tiers de plus qu'elle ne le devoit
être, en rangeant dessus un massif de pierres de taille
à sec, qui luy firent prendre un fonds de consistance
de 7 à 8 pouces plus bas qu'elle n'étoit auparavant.
De maniere que tout ce massif ne devant porter que les
deux tiers de la charge qu'on venoit de luy mettre à
l'épreuve, il ne pouvoit plus ceder à un moindre
poids. Je le fis bâtir aussi quelque temps après sans
hésiter. Il s'y fit cependant des rizées ou legardes de peu
de conséquence, que je fis reboucher proprement ; &
l'ouvrage en est demeuré là.

L'autre exemple, est de l'Ecluse de *Silvereal* sur le
bord du petit Rône, à deux lieuës près de la Mer en
Languedoc, qui a 10 toises de large, & 28 de long
dans œuvre, depuis sa porte de défense d'amont à
celle d'aval.

La porte d'amont, est bâtie sur une platée de 10
toises de long, & d'environ 4 toises & demi de large.
Le massif devoit être lié avec deux anciens murs de
Quay, de maniere qu'après avoir fait faire les excavations, je trouvai un fonds de vase noir, mêlé de petits
coquillages, qui ressembloit tout à fait à de la tourbe,
ou à du fumier, & dans lequel je faisois entrer une
sonde de fer de 15 pieds de long, avec une main sans
résistance, & sans trouver aucun fonds. Dans cette
fâcheuse situation je fis enfermer tout l'emplacement,
avec un fil de Pilots de Sapin à Rainure de 16 à 18

pieds de long, & avec des Pals-à-planches de 12 pieds
de long entre des longues-raines, bien boulonnées,
& clavetées en dedans. Sur ce terrain de si peu de
consistance, ou plûtôt sur ce bourbier, car tous les
environs trembloient quand on y marchoit dessus,
comme si c'eût été un Matelas de Laine, je fis faire
un arrasement de Maçonnerie en pierres de taille,
& continuer ainsi à l'élever en parement, en sorte
que jugeant qu'il cederoit au poids dont on l'alloit
charger, & qu'il s'affaisseroit, je fis poser les Jouillieres des portes, & les Eperons de l'Ecluse 6 pouces
plus haut qu'ils ne devoient être. Je ne liay point cette
Maçonnerie avec la vieille des murs de Quay, à laquelle elle devoit être adossée. Effectivement tout
l'ouvrage descendoit, & tassoit à mesure qu'on le mon-
toit. Je visitois chaque jour les repaires que j'avois
posez, pour sçavoir de combien étoit le tassement;
mais enfin, je fus assez heureux que de le finir, & de
voir que les 6 pouces que j'avois pris de plus, pour
fixer le seüil des Portes, à l'endroit des Jouillieres,
& des Bajoyers, étoient descendus de 5, & à un pouce
près, à quoy je m'étois rencontré. Après que tout
ce nouveau Bâtiment eut fait sa charge & pris son
tas, je le liay avec le vieux mur. Il s'y fit dans la suite
quelque rizée qui n'a pas été considerable, & le tout a
subsisté, & est en bon état depuis 16 à 17 ans que je
l'ay fait fonder.

Il n'y a pas de doute, que lorsqu'on enferme un
terrain de mauvaise consistance, avec des Pals-à-planches, on ne le rende solide. Plus les Pals-à-planches
sont profondes, plus l'ouvrage qu'on bâtit est seur.
On pourroit sçavoir par les méchaniques jusques à
quelle profondeur il faudroit battre les Pilots, &
Pals-à-planches pour retenir un terrain de mauvaise
consistance, à luy faire supporter telle charge qu'on
proposeroit. Je reviens à mon sujet.

Quand les fondations sont toutes sur du Roc, où un courant d'eau ne peut pas permettre d'établir un pilotage, & que le Roc est entierement à découvert du gravier, mais seulement couvert de certaine hauteur d'eau, on doit prendre des précautions toutes nouvelles pour y établir la fondation d'une pile.

Quand la chose ne vaut pas la peine d'y établir un Bâtardeau pour fonder l'ouvrage, & qu'il ne s'agit que de rompre, ou d'unir quelques pointes de Roc dans l'eau, on le fait aisément avec la mine, pourvû que ce ne soit qu'à deux à trois pieds de profondeur. On fait le trou avec l'aiguille, que l'on bat à l'ordinaire de 12 à 15 pouces de profondeur. On y scelle avec du gravier simplement, une boëte de fer-blanc de calibre, chargée de poudre, & qui a sa fusée audessus de l'eau, par le moyen d'un petit tuyau de fer-blanc auquel on met le feu à l'ordinaire. On ne sçauroit croire l'effet des mines dans l'eau; il est plus violent que dans l'air. Je n'en ay pû trouver la raison, que dans la comparaison que j'en ay faite de la pression de l'air, & de celle de l'eau autour du Roc que l'on mine. Et comme le pied cube de l'eau pese 71 livres plus que celuy de l'air, l'effet de la poudre dans l'eau doit être 71 fois plus violent qu'il ne l'est dans l'air, à cause qu'il trouve 71 fois plus de résistance. J'ay été obligé de faire miner plusieurs Rochers dans les Rivieres, & sous l'eau dans les Pyrenées, qui empêchoient le passage des Mâts, & le fer-blanc me manquant pour en faire des boëtes à charger les Mines, la necessité me fit penser, si avec du Carton collé je n'en pouvois pas faire de semblables à celles de fer-blanc. Effectivement j'en fis faire, & j'y réüssis, je les fis gaudronner ensuite avec de la Poix à la place du Gaudron, de même que la fusée, & elles firent le même effet que celles du fer-blanc.

Quand il faut absolument creuser dans le Roc

deux à 3 pieds de profondeur, pour y planter un Pieu à l'usage des Digues, & des retenuës d'eau, & que cela ne se peut faire qu'avec le ciseau, & la masse à 6 pieds de profondeur sous la surface des eaux, on se sert d'un encaissement en guise d'un tonneau fait expressément, vuide des deux bouts, qui est 6 pouces plus haut que la superficie des eaux, & qui a 8 à 9 pieds de diametre, que l'on place dans l'eau, en sorte que le Roc que l'on veut percer se trouve au milieu. On surcharge l'encaissement de maniere que le courant de la Riviere ne l'emporte pas. On a ensuite un autre plus petit encaissement, aussi en guise de tonneau, beaucoup plus petit que le précédent, mais de pareille hauteur, que l'on place au milieu du premier précisément à l'endroit où l'on doit creuser le calibre du Pilot, qui a 3 & 4 pieds de diametre, & ouvert aussi des deux bouts que l'on surchage de même, pour le tenir en raison. Cette disposition d'encaissement laisse deux vuides à leur entre-deux pleins d'eau. Dans celui du petit tonneau, un de 3 à 4 pieds qui est au milieu du grand, & l'autre entre le grand, & le petit, qui est de 2 pieds, à 2 pieds & demi de large. Cela étant fait, on bat toutes les douves de ces tonneaux en encaissemens, pour les faire porter pareillement sur le haut, & le bas du Roc sur lequel on les a placés, sans y laisser aucun sable ni gravier à l'entre-deux. On garnit d'un corroyement de terre-glaise, l'entre-deux des encaissemens. On épuise ensuite l'eau qui est dans le milieu, où un Ouvrier se place à sec, & fait le trou du Pilot dans le Roc à coups de Ciseau, & de masse, à la profondeur qu'on luy demande. Il y place le Pilot de calibre à l'effet qu'on veut. Ces sortes d'ouvrages sont propres pour amarer des cables à retenir un Pont volant, un Pont flotant, & à établir des brises glaces pour conserver un Pont dormant de Charpente, un de Maçonnerie, & à assurer une Chaussée de Moulin, &c.

L'autre moyen dont on se sert pour assurer un Pilot dans le Roc, ne s'employe que lorsqu'on a pareillement le Roc à découvert. On doit même supposer que le Roc est molasse, & aisé à forêter. On fait un Echafaud assuré sur l'endroit que l'on veut travailler, on en fait encore un autre plus élevé, à une toise audessus tant du plus que du moins pour tourner une Tariere assurée au bout d'un Fust de bois de Chêne, où elle est clavetée, & retenuë avec des Virolles; & au haut du Fust elle a un manche pour la tourner à deux mains. On la pose au travers de deux Echafaudages pour la tenir en raison avec des pieces de bois, afin de forêter toûjours dans le même trou, & pour le rencontrer à l'y remettre toutes les fois qu'on la retire pour en sortir le vase quelle fait en foüillant le Roc. Ces Tarieres percent le Roc à 4 & 6 pieds de profondeur, & sous la surface des eaux, depuis 6 à 12 pieds. Le trou qu'elles font est de la grosseur des Pilots ordinaires. On doit rendre tranquilles les eaux où l'on forête, afin qu'elles n'apportent point du gravier, & des Cailloux au creux où l'on travaille avec la Tariere. On arrête bien souvent le gravier & les cailloux que la rapidité des eaux y peut entraîner, en mettant à fonds de l'eau, & audessus du trou qu'on forête, au bout d'un Pieu de brin, deux planches en Angle, cloüées, qui couvrent le trou que l'on veut faire.

Il y a tant de manieres de fonder, qu'il est bien difficile de les rapporter toutes. Je vay donner les principales, outre celles que j'ay indiquées cy-devant.

On fonde sur des jettées, comme pour des moles, après avoir coulé à fonds dans la Mer plusieurs gros quartiers de pierre. On talusse les ouvrages, en sorte que les flots de la Mer ne fassent que glisser dessus pour ne les pas desunir, car s'ils y font rouler les quartiers de pierre, ils diminuent ensuite à vûë d'œil en s'arondissant, en se brisant les uns contre les autres, de maniere

maniere qu'ils deviennent à la fin du pur fable, comme on voit au Port de Cette en Languedoc, où le Molé n'eft pas à couvert des tempêtes, comme font ceux de Toulon & de Marfeille, qui font entourés de plufieurs hauteurs, qui parent les coups des groffes mers. Les Jettées étant faites, on les lie avec des chaînes de pierres maçonnées depuis les plus baffes mers, avec des Revétiffemens de maçonnerie, fur lefquels Maiffifs on bâtit des Phares, des Magafins, des Batteries, des Quays, &c. comme l'on a pratiqué à quelques-uns de ces Ports de Mer, que je viens de citer.

On prétend que celui de Toulon eft fait,

1°, Par une Jettée de plufieurs gros quartiers de rocher, à certaine hauteur, & de niveau.

2°, Par plufieurs grands Grillages, qu'on a pofé fur cette arrafe, & de niveau, à certaine diftance fous la fuperficie des eaux.

3°, Par des Encaiffemens fur ces Grillages, bâtis & maçonnés jufqu'à la fuperficie des plus baffes eaux, avec de bons Paremens de pierre de taille du côté de la Mer, pour refifter aux flots, lorfque les bois des Encaiffemens auront manqué.

4°, Et enfin par une Batiffe au deffus des Encaiffemens, de certaine hauteur pardeffus les plus hautes mers, & dont les Paremens puiffent refifter aux plus grands mouvemens des flots.

On fonde fur des terroirs de différentes confiftances, en cherchant toujours le fonds qui n'a pas été remué, fur lequel on fait des épargnes confiderables en maçonnerie, lorfque celui qui conduit un ouvrage eft affez économe pour cela. On le voit dans les exemples que je rapporte des ouvrages de maçonnerie dont j'étois chargé à la Citadelle de Nifmes, il y a environ 28 ans, & où une hauteur extraordinaire d'un Angle faillant d'envelopn n'eft fondée que par reffauts, qui épargnerent beaucoup au Roy & à la Province, Planche 21ᵉ, Figure

C

4ᵉ. On le voit encore dans le Profil d'une Courtine,
Fig. 5ᵉ; & de la face d'un Baſtion de la même Citadelle,
où certainement j'épargnai près de la moitié de l'ouvrage par les retraites que je fis pratiquer au rocher,
contre lequel j'adoſſai le mur. Et c'eſt de la même maniere qu'on peut profiter dans les Culées d'un Pont,
lorſqu'on trouve ſur les bords des Rivieres où elles
doivent être projettées, des diſpoſitions aſſez fortes &
aſſez favorables pour ſupporter toutes les butées des
Arches. Quand on trouvera du roc, on peut n'y faire
qu'un Parement, & ſe ſervir du roc même pour Culée;
cela épargne les grandes épaiſſeurs de maçonnerie qu'on
eſt obligé de donner aux Ponts dans ces endroits-là,
où pour plus grande ſureté on y projette encore des
Contreforts plus ou moins grands, ou plus ou moins
forts. C'eſt, dit-on, pour mieux aſſurer la Culée; &
cela eſt vray: mais ſi on demande juſqu'à quel degré
de force ces ouvrages doivent arcbouter l'Arche d'un
Pont, c'eſt ce qu'on ne ſçait pas encore, & cela n'eſt
pas démontré: tant il eſt vray que la plûpart des hommes ſe conduiſent plûtôt par la coutume de ce qu'ils
ont vû faire à autrui, que par la raiſon qui doit ſervir
de regle à tous.

On fonde ſur des racinaux & ſur des plateformes,
en mettant les premiers ſur la largeur de la fondation,
& les derniers ſur la longueur, leſquels on cheville enſemble pour les tenir en raiſon ſous le fondement de
l'ouvrage, comme on le voit ſous la fondation du Baſtion de la planche 21, figure 2, qui n'eſt fondée que
ſur un pareil ouvrage de charpente.

On fonde encore plus ſeurement, lorſque le terrain
de l'ouvrage n'eſt pas de conſiſtance, en le pilotant en
travers de ſes fondations, & en coëffant les pilots avec
des racinaux qu'on y cheville, & ſur ceux-ci en long
on poſe des doſſes, ou les plateformes, qu'on cheville
encore ſur les racinaux, ſur leſquels enfin on éleve les
murs de fondation.

On fonde encore fur des fimples grillages, fans rien plus.

On fonde avec grillage & pilotage de remplage, ob-fervant de battre les pilots dans les vuides du grillage, deux à chaque chambre diagonalement oppofés, cha-que chambre étant, tant plein que vuide, de deux pieds à deux pieds & demi en quarré, fuivant le befoin de l'ouvrage; & la charpente du grillage de la groffeur que les bois porteront, c'eft-à-dire, de 10 à 12 & 15 pouces de gros.

On fonde encore avec pilots & pals-à-planches de bordage, pour conferver & contregarder le pied d'une fondation, afin de n'être pas fouillée par le courant des eaux, & pour en enfermer le terrain, qui pour lors ne pouvant plus pouffer, fupporte la maçonnerie qu'on y a projetté deffus.

On fonde avec encaiffemens & avec des barques qu'on fait faire expreffément, dans lefquelles on range les materiaux, & que l'on coule après à fonds différem-ment, fuivant le befoin qu'on en a; fur lefquels maffifs que l'on lie de différentes manieres, on conftruit dans la mer des murs de Quay, des moles, des magafins, & dans les Rivieres des piles, fuivant les difficultés qu'on rencontre, plus ou moins grandes, qui le demandent plûtôt d'une maniere que d'une autre.

La maniere de fonder différe autant que les ouvra-ges différent les uns des autres; c'eft pour cela auffi qu'on doit fe fervir plûtôt d'un moyen que d'un autre, par rapport au bon ou au mauvais ufage qu'on en peut tirer; & il n'y a que la prudence de celui qui fait le Devis, qui doit aller fur les lieux, & voir tout; & de celui qui eft chargé de l'execution, qui puiffent faire finir un ouvrage folidement & avec honneur. Il s'agit de concilier l'un avec l'autre. Celui qui fait le Devis, doit le dreffer en établiffant un ordre tout comme s'il devoit l'executer luy-même; & dans les projets des

G ij

Ponts, qui est une des matieres où il y a le plus à prendre garde, on doit être plus circonspect qu'en toute
autre; tout y doit être clair, afin qu'on en puisse juger;
rien d'extraordinaire & de surprenant. On doit éclaircir les difficultés, surtout dans les fondations ; rendre
aisées les choses, donner les instructions necessaires
pour l'execution : point de mots équivoques, qui fassent
prendre une chose pour l'autre; écouter les avis de
tout le monde, & suivre le meilleur ; se montrer à tout
le monde, pour voir si l'on peut faire mieux. C'est par
là qu'on fait les choses avec connoissance de cause, &
qu'on réussit pour l'ordinaire.

Le Pont de Cesse qui est sous le Canal Royal de Languedoc, n'est fondé que sur de gros cailloux, dont
plusieurs en masse sont pris ensemble, & congelés par
une matiere pétrifiante, qui les a ainsi unis en forme de
banc, & que la Riviere à force de creuser son lit &
ses bords, a fait ébouler du haut du niveau de la plaine,
qui en est toute parsemée, Ce Pont ne s'est point démenti dans tout ce qui a été ainsi fondé sur un gros gravier
cailloutage, qui étant d'ailleurs retenu de tous côtés
par des hauteurs, & comme enfermé, fait une assiette
solide en équilibre à tous les autres corps qui l'environnent. Ce que je cite, ne doit pas être un exemple que
l'on doive agir ainsi de même partout où l'on trouve de
semblables gros cailloux ; la moindre circonstance
change les choses du tout au tout ; & en cent endroits
où l'on trouve de gros cailloux, peutêtre ne s'en trou-
vera-t-il pas un de favorable, sur lequel on puisse tabler la fondation d'un Pont semblable à celui-ci.

On prend encore d'autres précautions à fonder un
Pont, quand les entredeux des piles, ou les radiers sous
les Arches sont tout à fait mauvais. On enferme les
têtes des Ponts d'amont & d'aval par des fils de pieux &
des pals-à-planches, en traversant l'entrée & la sortie
des Arches par un cintre renversé, qui porte sous les

piles, & où l'on fonde sur une platée. Les têtes des vousloirs de ce cintre renversé tant d'amont que d'aval, doivent être taillées à plate-bande renversée. C'est ainsi que presque tous les Aqueducs du Canal Royal du Languedoc sont fondés, & dont j'en ay fait construire plusieurs il y a 25 à 26 ans, qui est la seule ressource que l'art a pû inventer, pour empêcher les ouvrages d'être emportés par la rapidité des eaux, & d'y creuser audessous des fondemens.

CHAPITRE XIX.

Des parties des Ponts de Maçonnerie.
1°, Des Culées & des Aîles.

UNe culée de Pont doit avoir du côté de l'Arche des retraites en fondation égales à celles des piles, si la disposition des lieux le demande ainsi; & ce jusqu'à la hauteur des plus basses eaux de la Riviere, & depuis la naissance de l'Arche en haut, elle doit être supposée à plomb sur ses côtés; mais lorsqu'une culée a des aîles de face ou de retour, on leur donne audelà du vif qui supporte la culée, un talud d'un quart de sa hauteur, ou d'un cinquiéme, suivant la consistance de la maçonnerie plus ou moins forte, par rapport à la prise du mortier, dans lequel certaine chaux assure plûtôt un ouvrage en un mois, qu'une autre en deux ans; & cela pour soutenir le poids des terres dont on remblaye le derriere des murs.

Les Aîles, soit en retour, soit en face, suivront la décoration de tout l'ouvrage, tant dans les Zocles, que dans les Plintes, Cordons, Entablemens, Balus, &c. dont on peut orner un Pont; elles auront à leur couronnement tout au moins deux pieds , fi elles portent un quart de hauteur ; & trois pieds , fi elles n'en ont qu'un cinquiéme.

Quand les Aîles n'ont point de retour , mais qu'elles fuivent l'alignement des Têtes du Pont , elles arcbou-tent davantage les Culées, en forte qu'elles les affurent beaucoup plus. Les Aîles fuivent ordinairement la ram-pe des Ponts.

On fait des Contreforts à ces Aîles, comme au milieu & au derriere de la Culée, en guife d'Eperons, fuivant qu'on eftime que les murs peuvent pouffer ; mais non pas par une raifon de regle ni de proportion qu'on n'a pas pû trouver encore.

Les terres dont on remblayera le vuide entre les Aîles du Pont, feront battues fuivant l'art, afin de former une Chauffée qui ait affez de confiftance pour y placer une forme de pavé, fuivant l'ufage du Pays, avec un ruiffeau au milieu, pour l'empêcher de pouffer les Aî-les des Ponts & les murs de foutenement des Chauffées, fuivant la démonftration que j'en ay faite dans le Traité des Chemins, Chap. 12, page 67.

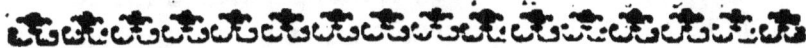

CHAPITRE XX.

Des Piles des Ponts, des Avant-becs, & des œils de Ponts.

LES Anciens donnoient aux piles des Ponts la troifiéme partie de la grandeur des Ar-ches, même jufqu'à la moitié. Voyez Ber-gier Liv. 4, Chap. 35. Les Modernes ont trouvé que cela étoit trop, & en ont don-né moins, comme un quart & un cinquiéme. Les uns

& les autres n'ont aucune raifon là-deffus ; & fi on en recherche la caufe aujourd'hui, peutêtre fera-t-on dans la même peine.

Je vais établir la queftion.

Il n'y a pas de doute que les piles des Ponts ne fupportent la moitié de la maçonnerie des deux Arches qui font à leurs côtés, à les prendre depuis le milieu des Clefs. Si l'on réduit toute cette maçonnerie, & qu'on la place fur l'aplomb des piles entre leurs côtés, on ne fera pas fort furpris de voir qu'une pile qui n'a que deux toifes de large, qui eft le quart des Arches qui ont huit toifes d'ouverture, ne puiffe porter cette réduction ; & plus on fera larges les piles, & moins haut montera la réduction, & moins elles porteront de poids. Il s'agit de trouver ce que ces piles peuvent porter, ou doivent porter par rapport à leur largeur, prife à la naiffance des cintres, ou depuis l'endroit le plus bas, qu'elles ont le moins de largeur.

Une pile de deux toifes de large, qui aura à fes côtés des Arches de huit toifes d'ouverture, & une épaiffeur à la Clef d'une toife, portera environ fix fois en hauteur ce qu'elle a de largeur. La queftion eft de fçavoir fi cette charge qu'on a trouvée, eft trop pefante fur le plan de la pile ; & fi on pourroit encore l'augmenter ou la diminuer fans craindre ce qui pourroit en arriver. Ce Problême me paroît difficile à refoudre, & il femble qu'il ne peut être refout que par l'expérience qu'on a de la force des materiaux qu'on trouve fur les lieux, qui fupportent plus ou moins le fardeau dont on les charge, fuivant le plus ou le moins qu'ils font compactes & ferrés. Les exemples qu'on voit aux Eglifes, confirment ma penfée, dans les piliers d'une hauteur bien plus grande que dans le cas qu'on propofe ici, & qui fupportent des Nefs & des Comblés infiniment plus pefants. On peut dire que cela ne vient que de la bonté des materiaux dont ils font conftruits, qui n'éclatent

point fous le faix, comme ont fait ceux de la belle Egli-
fe de Montauban, qui faute de donner du temps au
mortier de faire prife, pour trop hâter l'ouvrage, & le
monter trop vîte, s'eft écrafé luy-même plufieurs fois
fous le poids des materiaux dont on l'avoit conftruit.
J'ay été appellé pour donner mon avis, afin d'éviter
d'autres rechutes; & après avoir reconnu que les
pierres que l'on employoit aux piliers & aux pilaftres,
éclatoient fous la charge, que les briques s'étoient
moulües fous le fardeau, & le mortier s'étoit froiffé &
réduit en poudre dans les ruines de cet ouvrage fous le
tas; mon avis a été de monter la maçonnerie jufqu'à la
naiffance de la Nef audeffus de l'entablement; de la
couvrir après de charpente, & tout autre ouvrage fort
leger, afin d'y faire le Service Divin pendant certain
nombre d'années, jufqu'à ce que le mortier & les materiaux euffent acquis une confiftance, & pris enfemble, pour ne faire qu'un même corps; & après ce temps-
là reprendre l'ouvrage pour le parachever dans la Nef
fuivant le deffein. Et cela à l'exemple d'un des plus habiles Architectes de fon temps, qui après avoir entre-
pris de parachever un Bâtiment tres confiderable, où
les Architectes avant luy avoient échoué, en forte que
lorfqu'ils vouloient decintrer l'ouvrage, tout écrouloit
à l'inftant. Celui-cy ayant reconnu enfin que cela ne
venoit que parce que les materiaux n'avoient pas eu le
temps de faire prife enfemble, il entreprit de le remettre; il commença par le monter jufqu'à la naiffance du
cintre, qu'il couvrit, & s'abfenta pendant un certain
temps; au bout duquel il revint, & dit la raifon qui
l'avoit obligé de s'éloigner, & qu'il étoit prêt d'achéver
fon entreprife. En effet, il la finit avec admiration, &
fon ouvrage a refté tel qu'on le voit encore aujourd'hui
à Rome.

Cette hiftoire eft arrivée au Bâtiment de Saint Pierre
de Rome. On prétend que Michel-Ange qui s'en étoit

chargé, tua un homme pour avoir pretexte de s'absen-
ter, & pour laisser faire corps à ce Bâtiment; en sorte
que voyant le temps qu'il pouvoit reprendre son ouvrage, & le finir, demanda sa grace, qu'il obtint, & vint
à Rome achever ce qu'il avoit commencé. On doit
rendre justice à la mémoire & au mérite de ce grand
homme, pour ne le croire pas capable d'une mauvaise
action, qui l'auroit deshonoré pour toujours : on doit
croire plus vraisemblablement que pour défendre son
honneur ou sa vie, il avoit tué malheureusement un
homme dans une rencontre, & que cela fut cause de
son absence, & favorisa son ouvrage en même temps
par un pur hazard. Comme les Domes ont beaucoup de
rapport aux Arches des Ponts, puisque les uns & les
autres sont établis par les mêmes principes; Michel-
Ange est celui de tous les Architectes qui a le plus ex-
cellé en cette matiere : son modele de celui de Saint
Pierre de Rome est de 21 toises & demie de diametre
interieur; celui de Sainte Sophie à Constantinople est
de dixhuit toises de diametre, fait sous l'Empereur
Justinien, par Anthemius de Trales & Isidore Milesien;
& celui de l'Hôtel Royal des Invalides de 12 toises &
demie, mais infiniment plus riche que les précedens
par la magnificence des ornemens.

Il me paroît que pour juger de l'épaisseur d'une pile
& du fardeau qu'on peut luy faire supporter, c'est d'e-
xaminer les materiaux des lieux voisins, dont on veut
se servir à l'usage des Ponts, & voir les anciens Bâtimens, comme sont les Tours, les Eglises, les Clo-
chers, &c. où l'on a employé les mêmes materiaux,
voir leurs épaisseurs, le mortier & la chaux dont ils
ont pû être bâtis, afin que se conformant à leur maniere, on fasse des ouvrages en Ponts également solides.

Les piles ont des avantbecs, qui assurent le Pont
contre le courant de l'eau, contre les glaces, contre
toute sorte de corps qui y viennent heurter lors des

inondations, qui les divifent & leur donnent la fuite
fous les Arches. Les avantbecs font de differentes figures ; chacun les fait fuivant l'ufage qu'on fe propofe,
auquel ils peuvent le mieux convenir, foit pour leur durée, foit pour faire des effets meilleurs les uns que les
autres.

Une pile a un avantbec, & tres-fouvent un arriere-
bec. Le premier eft l'avantbec d'amont, & le dernier
l'avantbec d'aval. On fait leur angle de faillie tantôt
quarré, ou de 90 degrés, ou aigu, pour mieux divifer
le courant de l'eau, & tantôt arondi. On arme quelquefois l'avantbec d'amont de bareaux & de crampons
de fer, pour rompre plus facilement les glaces, pour
leur refifter, & pour conferver la maçonnerie : on ne
garde pas ces précautions aux arrierebecs. On doit
laiffer leur angle de faillie toujours aigu, pour mieux
réunir le courant des eaux, & leur donner la fuite,
afin de les empêcher de bouillonner & de gravoyer par
là les fondations. Les avantbecs affurent certainement
les têtes des Ponts. On doit les regarder comme des
arcboutans. On les monte jufqu'au rez de chauffée du
pavé, audeffus du Pont, quand on le juge à propos,
pour en maintenir la façade & en mieux affurer les
gardefous & le pavé; & cela tantôt en pointe à deux
taluds, & tantôt à un feul, garnis à leur chape de dales
à joints recouverts, pour laiffer écouler les eaux des
pluyes, en pratiquant au bas de ce talud pour ornement
une plinte pour fervir de couronnement à l'avantbec.

Les avantbecs ne fe montent bien fouvent que jufqu'à la naiffance du cintre de l'Arche. De là en haut on
leur pratique un chaperon pour les couvrir, qu'on couvre à joints recouverts de dales, afin d'avoir audeffus
l'efpace des reins des Arches libre, pour y pratiquer des
œils de beuf, ou des œils de Pont.

Ces œils de Pont fe font de differente maniere ; les
uns en guife de portes ou de paffages, comme au Pont

du Saint-Esprit ; les autres ronds avec décoration, comme font ceux du Pont de Toulouse. Ces œils de Pont soulagent beaucoup l'ouvrage de son poids, épargnent de la maçonnerie, & font place aux eaux des inondations, pour passer au travers ; ce qui les fait diminuer d'autant plus dans les Arches, pour les rendre plus libres. Les œils de Pont servent encore pour dégager les piles de tout ce qui peut s'y arrêter, capable de forcer le Pont, en y faisant descendre des hommes qui à coups de haches mettent en pieces tout ce qui s'y arrête, & qui peut ébranler les fondemens des piles, comme font les arbres lors des inondations. Les Anciens pratiquoient des Niches bien souvent à la place des œils de Ponts, où ils mettoient des figures de leurs Dieux, & celles des Dieux des Fleuves, couchées quelquefois au-dessus des avantbecs, pour servir d'amortissement. Le Christianisme qui a succédé au Paganisme, y a mis à leur place des figures de nos Saints, à qui on a voué la plûpart de ces ouvrages.

Je ne donne pas la maniere ▮▮▮ tracer ces œils de Pont, ni la grandeur qu'ils doivent avoir dans les reins des Arches par rapport à leur épaisseur & à leur butée, qui se réunit toute au milieu de ces vuides, dans lesquels on doit prendre les précautions que l'art demande dans la coupe des pierres dont leur parement interieur & leur passage doit être revêtu. J'étendrois trop la matiere, s'il falloit que je rapportasse tous ces détails ; seulement peut-on dire encore que ces œils de Pont servent d'ornement, quand on les veut décorer. On pratique bien souvent à leur place des escaliers, de petites loges, & des caves ; mais il faut pour lors emprunter beaucoup de l'art.

A l'égard des reins des voutes, il y en a qui ne garnissent point jusqu'au haut leur entredeux entre les Arches d'un massif de maçonnerie, afin de ne point trop surcharger l'ouvrage ; ils se servent seulement de

la terre bien battue, lit par lit ; & on garnit de maçonnerie l'endroit de la pouffée des Arches, & non jufqu'à
l'arrafement de l'extradoffe des Clefs. Chacun a fa
maniere & fes raifons particulieres, pour croire de
faire mieux : mais la maçonnerie à mon avis, eft infiniment mieux que tous ces remblais de terres, qui certainement corrompent tôt ou tard la maçonnerie des Arches, & furtout les Vouffoirs.

CHAPITRE XXI.

Des Arches & des Vouffoirs.

PLus les Arches font grandes, quand on
projette un Pont, plus les piles, les culées,
& les vouffoirs doivent augmenter, &
avoir de portée à proportion. Nous n'a-
vons po   de regle feure pour déterminer
la grandeur des Vouffoirs dans les Arches. Ce n'eft que
fur les ouvrages déja faits, & fur les Antiques que l'on
peut prendre des modeles, & faire une regle de proportion pour ces principaux materiaux aufquels confifte
prefque toute la force des Arches, & à leur arange-
ment.

　　J'ay obfervé qu'au Pont du Gard, ouvrage des Romains, les vouffoirs extradoffés étoient de quatre pieds
de queuë aux Arches qui avoient dix toif   d'ouverture, & que ces mêmes vouffoirs avoient de longueur de
lit quatre pieds & demi, & quinze pouces d'épais à la
douelle ; & que l'épaiffeur de l'Arche à la Clef pouvoit
être de cinq pieds.

　　Sur ce fondement on peut faire une regle de proportion pour toute forte d'Arches à plein cintre ; en forte
que fi on fuit la regle de l'Arche antique du Pont du

Gard, on trouvera que fi dix toifes d'ouverture d'une Arche donnent 4 pieds de queuë de vouffoir, que cinq toifes ne donneront que deux pieds ; 15 toifes, 6 pieds ; 20 toifes, 8 pieds ; & enfin 25 toifes, 10 pieds. Je ne voudrois pas fuivre la même proportion dans les arceaux depuis cinq toifes en bas, à caufe que cela reduiroit le vouffoir d'un arceau d'une toife d'ouverture environ de 6 pouces feulement de queuë, au lieu tout au moins d'un pied & demi qu'on doit luy donner. De maniere que fi l'on comparoit le vouffoir d'un pied & demi de queuë pour un arceau d'une toife de large, avec celui de deux pieds de queuë pour un arceau de cinq toifes de large, la regle feroit mieux fuivie & mieux proportionnée, par raport à la force des materiaux & à leur portée. Il eft certain qu'un grand Pont qui porte une grande voiture, eft bien moins chargé, qu'un Ponceau qui porte la même voiture. Ainfi dans ce dernier les vouffoirs doivent être proportionnés au poids des voitures qui y paffent deffus, & non pas aux materiaux dont on les conftruira, qu'ils doivent fupporter, & qui ne font pas fort pefants. Si la pefanteur des voitures diminuoit à proportion de la grandeur des Ponts fur lefquels elles paffent, la premiere regle de proportion pourroit être obfervée ; mais comme elle augmente à proportion de ce qu'on fait les arceaux plus petits, on doit faire leurs vouffoirs proportionnés au poids qu'ils doivent fupporter, & non pas à ceux des grandes Arches, où le même poids n'eft qu'un point par rapport à leur folidité & à leur maffe.

Il eft encore certain que les materiaux de plus ou moins de confiftance, contribuent au plus ou moins de folidité des ouvrages ; que des vouffoirs de trois pieds de queuë, affureront mieux une Arche de dix toifes d'ouverture, quand ils feront compactes & bien refferrés, que ne feront ceux de quatre pieds, qui feront de moindre confiftance, comme bâtis de pierre tendre ;

& c'eft de la Phyfique d'où l'on doit tirer ces connoif-
fances. J'eftime que fi l'on fuit ces fortes de proportions, on ne tombera pas dans des fautes que font tous
les jours ceux qui ne font pas entendus dans les ouvrages. J'en vais rapporter un exemple dans un Pont que
la bienfeance m'empêche de nommer.

L'Arche avoit écroulé; elle étoit de douze toifes
d'ouverture, & les vouffoirs, quoique de pierres fort
tendres, avoient pardeffus ce defaut trop peu de queuë
pour faire retenue, nullement proportionnés à la regle
que je viens de rapporter. Comme il n'y a que les vouffoirs qui tiennent en raifon l'ouvrage, & que la maçonnerie qu'on met ordinairement audeffus, eft faite de
niveau fuivant les affifes de la façade des Ponts, il eft
certain que ces affifes ne font encore qu'accabler les
vouffoirs, & les furcharger, & que ce furplus de maçonnerie n'eft propre que pour achever d'effondrer
l'Arche, & non pas pour la foulager, moins encore
pour la renforcer. Je fus appellé pour donner mon avis
fur l'écroulement de cette Arche; j'ay trouvé que la
coupe des pierres par rapport au cintre furbaiffé étoit
bien faite, fur laquelle pourtant on fe récrioit comme
fi l'ouvrage avoit manqué par là. Enfin j'affurai que pour
rétablir ce Pont les vouffoirs en clavade devoient avoir
une plus grande longueur, que je donnai, qu'on fui-
vit; & qu'ils devoient être de pierre de plus forte confiftance: & l'ouvrage bâti ainfi, a parfaitement bien
réuffi.

Il eft certain que Paris feul fournit les plus habiles
Atchitectes de l'Europe; les précautions qu'ils ont
prifes au Pont-Royal des Thuilleries, dans la pofe des
vouffoirs, dont les queuës font fans fin, & qu'on a pro-
longé depuis la retombée des Arches, en montant vers
la Clef; en forte qu'on peut dire que jufqu'au cordon,
ou jufqu'auprès du rez de chauffée du pavé, audeffus
tout n'eft que vouffoir en coupe, fuivant l'épure des

Arches qu'on voit en tête, sur environ le tiers de la grandeur de l'Arche dans tout l'endroit où elle fait le plus d'effort. Ces vouſſoirs en coupe ſont rallongés après leurs queuës, en ſuivant la même coupe ; comme on le peut voir dans la Planche 7e, où eſt le deſſein de ce Pont réduit ſur la même échelle de ceux du Saint-Eſprit & de la Guillotiere ſur le Rône, afin de pouvoir les comparer enſemble plus facilement d'un coup d'œil.

Ce n'eſt pas parce que le vouſſoir eſt entier, qu'il aſſure mieux l'ouvrage ; c'eſt ſa longueur & ſa portée dans les reins de l'Arche qui le lient & le tiennent en raiſon ; & la coupe juſte acheve de perfectionner le tout. On peut aiſément prolonger un vouſſoir, pourvû qu'on ſuive ſa coupe dans ſon prolongement, & qu'il n'y ait pas de vuide à l'entredeux des uns & des autres, & de les cramponer ſi l'on veut. Mon avis ſeroit de les poſer tous à ſec les uns contre les autres dans les aſſiſes, à la maniere des Anciens, & de ne les garnir de mortier fin que par abreuvement. C'eſt ſans difficulté que quand on les couche ſur des lits de mortier, la priſe de celui-ci pour ſi forte qu'elle puiſſe être, ne l'eſt jamais d'un milliéme du corps de la pierre de taille des vouſſoirs, pour ſi tendre qu'elle ſoit, que l'on y employe. Dans les plus beaux ouvrages des Anciens nous voyons que la plûpart des voutes, arceaux, arcades & arches conſtruites de gros quartiers de pierres de taille, on n'y a point employé de mortier, ni aucun crampon, & que tout y eſt à ſec ; ils ne l'ont employé qu'aux voutes & arceaux faits de moëlonnage. Le mortier n'aſſure l'ouvrage que dans la liaiſon des petits materiaux, & les gros blots de pierre ſont ſuperieurs à la foibleſſe du mortier, les grands vouſſoirs des Ponts ne ſe ſoutiennent enfin & n'aſſurent l'ouvrage que par leur propre peſanteur, jointe à leur coupe, qui les empêche de ſe deſunir ; & cette même peſanteur qui eſt la cauſe le plus ſouvent de la ruine des plus grands Edifices, eſt dans les Ponts la seule cause qui les assure, sans laquelle on n'y pourroit pas réussir.

On ne doit pas être surpris si des François Compagnons Tailleurs de pierres, ayant pénétré audessus de l'Egypte, le long du Nil, & audessus de quelques-unes de ses Cataractes, chutes d'eau affreuses, ayant fait un Pont de pierre dans un des endroits de ce Fleuve fort étroit entre deux rochers; ils furent regardés comme des Demidieux. Les peuples de ce pays-là tres-ignorans, mais tres-dociles, se moquoient de l'entreprise des François; l'ouvrage étant fini, on venoit de toutes parts des environs, pour passer le Nil sur cet ouvrage, ne pouvant comprendre que des pierres ainsi agencées les unes contre les autres; pussent se soutenir en l'air. Effectivement la coupe des pierres qui est l'ame de toutes les voûtes & de tous les Ponts de pierre, doit être regardée comme le principal fondement pour les construire.

On fait des Ponts tout de brique: on se contente en quelques-uns pour la propreté, pour la sureté & pour la décoration, de faire les arrêtes & les encoignûtes de pierres de taille. Celui de Toulouse peut servir d'exemple. Egalement on pose la brique en coupe, comme si c'étoit de la pierre de taille, en luy faisant suivre le trait de l'épure qu'on a déja tracé. Il s'agit qu'elles soient bien cuites, & le mortier bon & fin, & qu'on soit assuré de la chaux, afin qu'elle fasse bientôt prise; car s'il faut plusieurs années pour cela, on ne doit gueres compter sur un ouvrage qui languit.

Dans les Ponts de brique & de maçonnerie les materiaux doivent avoir été exposés à l'air & à la pluye pendant un an, c'est-à-dire, un Hyver & un Eté, pour rejetter au bout de ce temps-là, toute la brique & les pierres de taille qui n'auront pas été à l'épreuve du grand chaud de l'Eté, de la gelée de l'Hyver: & les Inspecteurs des ouvrages doivent les faire passer toutes en ré-

vûe l'une après l'autre, & fur le champ faire caffer ou
écorner toutes celles qui ne font pas de recette. On ne
fçauroit prendre trop de précautions pour des ouvrages de cette confequence, aufquels bien fouvent on ne
peut plus remédier, quand une fois on les a employées.
Les plus grands ouvrages des premiers hommes n'ont
été faits qu'avec de la brique ; la Tour de Babel , & les
murs de Babylone n'étoient uniquement compofés qu'a-
vec de la brique ; on y trouve la brique auffi faine que
le premier jour qu'on l'y mit : pour mortier ce n'étoit
que du Spaltum, efpece de bitume qu'on tiroit d'un
Lac voifin, fuivant ce qu'on prétend, avec lequel, &
entre les joints des briques on mettoit de la paille pour
faire liaifon, qu'on voit encore toute entiere, quand
avec un marteau on romp quelque piece de brique avec
le ciment qui y eft lié, s'il en faut croire ce que les
Voyageurs nous rapportent.

Nous ne voyons pas que les Anciens ayent fait beaucoup de Ponts où les Arches foient fort furbaiffées.
Lorfque les Arches dans un même Pont ont été plus
grandes les unes que les autres, & leurs Clefs cependant d'une même hauteur ; ils ne les ont ainfi mifes de
niveau qu'en établiffant la naiffance des plus grandes
Arches dans les piles audeffous de celles des plus petites
à proportion de leur grandeur. Ils ont fait ainfi les Ponts
toujours à plein cintre, & plûtôt que de les furbaiffer
par des ellipfes, ils ont mieux aimé fe fervir d'une portion d'un plus grand arc, comme j'ay remarqué au
Pont du Gard.

Les Gots qui ont fuccedé au bon goût de l'Architecture Romaine, ont fait des Ponts en plufieurs endroits
de la France, avec des Arches Gothiques, c'eft-à-dire
à tiers point, comme certainement prétendant par là
faire moins de pouffée, foit dans les Bâtimens publics,
comme dans les Ponts que nous voyons en plufieurs endroits, foit dans les particuliers, de même que dans

H

les Eglifes que nous voyons bâties de leur temps. Ces Arches Gothiques élevent trop la voye dans les Ponts.

Les Modernes au contraire par un changement & une nouveauté ordinaire à tous les fiecles, ont fait des Arches en ellipfes, afin de diminuer la rampe des Ponts, & en faciliter la montée aux Voitures. Viendra enfin quelqu'autre temps où l'on verra encore du changement dans les chofes, aufquelles on fera prendre quelqu'autre figure particuliere qui fera à la mode des hommes d'alors, & qui leur plaira. On commence d'admirer les Arceaux furbaiffés, encore davantage les Plate-bandes ; enfin tout ce qui eft le plus compofé, où l'on force davantage la nature, où il y a le plus de travail, & où l'art furprend le plus, c'eft ce qui eft aujourd'huy le plus à la mode.

De ces trois manieres d'Arches, on peut dire que celle qui eft à tiers-point, ou gothique, eft capable de porter un plus grand fardeau que celle qui eft à plein cintre ; & celle cy beaucoup plus que la furbaiffée, ou celle qui eft en ellipfe ; la premiere eft la plus élevée, la feconde l'eft moins, & la derniere eft la plus rampante & la plus baffe. Les unes & les autres augmentent ou diminuent leurs pouffées à proportion de leurs difpofitions ; & par confequent on les employe différemment, par rapport à leurs ufages.

CHAPITRE XXII.

Des Couronnemens des Ponts, des Gardefous, & des autres parties qui les terminent.

ON termine pour l'ordinaire les Ponts avec quelques ornemens, comme d'une plinte, d'un cordon, d'un entablement, d'autres Antiques avec une cymaise. On décore même leur façade avec des Cadres, & tout ce qui peut les orner suivant les différens projets de ceux qui les ordonnent, comme on le voit dans le Pont Aqueduc du Canal Royal du Languedoc, Planche 22, Fig. 7, qui est parfaitement bien décoré.

On pose ordinairement des Gardefous à tous les Ponts, depuis 15 à 18 & 24 pouces d'épais, suivant la grandeur & la conséquence des Ponts, qu'on termine en bahu, ou par une Tablette ; l'un & l'autre plus ou moins grands par rapport à tout l'ouvrage, qui portent en dehors une saillie d'un pouce ou environ, en guise de plinte. Les quartiers de pierres de taille joints ensemble avec des tenons de différentes manieres. Les figures que j'en rapporte avec leurs explications, feront connoître plus facilement les choses ; que tous mes discours.

On fait porter quelquefois en tête du Pont & à son milieu, soit à son entablement, soit au milieu de la Clef, les Armes du Souverain, ou de l'Etat, ou de la Personne qui le fait construire à ses dépens, de qui il releve, qu'on décore suivant les ordres qu'on en donne.

On contregarde les gardefous des Ponts pour l'ordinaire avec des bornes ou boutroües scellées dans le pavé avec mortier, que l'on fait plus ou moins grandes suivant

H ij

l'importance de tout l'ouvrage ; & ce afin de détourner les eſſieux & les rouages des Chariots des gardefous, qui ſont bien ſouvent ſans cela renverſés par leur heurt, ou par leurs pouſſées.

Les deſſus des Ponts ſont pour l'ordinaire pavés, & quelquefois garnis de deux banquettes en guiſe de Quais, comme aux Ponts des grandes Villes, à Paris, à Touloufe, &c. pour ſervir au paſſage des gens de pied; on conſerve le milieu pour les Voitures & pour les Attelages. Au Pont-Neuf le paſſage de Caroſſes eſt de cinq toiſes de large, & celui des Quais ou banquettes de deux toiſes trois pieds chacune, où pluſieurs Marchands étalent leurs marchandiſes, en ſe ſerrant d'environ la moitié de cet eſpace, pour les y ranger.

Dans le temps des guerres on ferme les Ponts par des Tours, pour y établir des Corps-de-garde, afin d'empêcher le paſſage aux Ennemis, &c. On y fait des barrieres, & d'autres ouvrages plus ou moins conſiderables, pour ſervir à leur défenſe, ou à les décorer ; comme de ſuperbes Portes d'entrée, ou des Arcs de triomphe, &c. ſuivant la neceſſité qu'il y a, qui les détermine ainſi plûtôt d'une maniere que d'une autre.

✴ ✳✳✳✳✳✳✳✳✳✳✳✳✳✳✳✳✳✳✳✳✳✳ ✳✳

CHAPITRE XXIII.

Des Ponts conſtruits avec Maçonnerie & Charpente.

Es Ponts ſont ceux qui ont les piles de maçonnerie, & le paſſage au deſſus fait avec une ou pluſieurs travées de poutrelles. On ne prend point aux culées de ces Ponts toutes les précautions que l'on cherche à celles qui ſervent aux Ponts faits entierement de maçonnerie, on en tourne ſeulement le profil devant derriere. On fait un talud ordinaire d'un cinquiéme de hauteur en dehors de la culée. On monte le mur à plomb en dedans du côté des terres, auquel on donne trois pieds de large à son couronnement. Les murs en aîle portant Parapet, sont construits suivant les regles de l'art, & les remblayemens entre les murs faits aussi à l'ordinaire. Les travées qu'on construit audessus des piles, ne sont faites ni plus ni moins que celles qu'on construit aux Ponts qui sont tous de charpente: & ainsi parlant de ceux là dans la suite, où je les rapporterai, on verra le détail de leur construction dans ceux-ci. On pose des Sablieres ou des Plateformes sur les Piles, sur lesquelles on range les Renforts & les Soûpoutres qui doivent supporter les Travées des Poutrelles. Je donne le plan, profil & élevation d'un Pont suivant cette maniere, où l'on voit toutes les parties, & surtout celles de la maniere dont la maçonnerie a été établie sur un pilotage avec Grillage, contregardé de Pals-à-planches qui enferment les graviers & les sables sur lesquels le Pont est construit. La maçonnerie est faite de trois differens materiaux, sçavoir de pierres de taille aux encoignûres, de briques en differens lits pour faire liaison & parement, & de cailloux mélangés, pour servir à garnir leur entredeux: tout cela ménagé en sorte que ne faisant qu'un même corps, compose un ouvrage également beau & solide.

Chacun dans son art cherche à qui fera mieux. Les Appareilleurs dans la coupe des pierres font des Arches qui surprennent les humains: les Charpentiers ne font pas moins admirer les hommes dans la distribution de leurs Charpentes à former differentes manieres de Ponts. On le voit dans ceux que propose Palladio, que j'ay rapportés ci-devant.

Les Figures 2 & 3 de la Planche 11e, m'ont été données par M. Fayolle Inspecteur des Ponts & Chaussées, qui m'a assuré avoir été ainsi projettées & executées dans des Rivieres où les eaux sont fort rapides. La Figure 1ᵉ est de 6 toises de large d'une pile à l'autre; & la 3ᵉ de dix toises; que je trouve mieux imaginée que la seconde, de toute maniere.

Ceux de Lyon qu'on vient de faire tout de nouveau, Planches 16ᵉ & 17ᵉ, font voir jusqu'où se peut étendre la science du Charpentier.

Qu'on joigne enfin à l'homme les qualités de sçavoir la Coupe des pierres, celles de la Charpente, la Physique & les Mécaniques, on le rendra capable des plus grands ouvrages qu'on puisse proposer. Je suppose pour accessoire les autres qualités de l'honnête homme, qui servent de principes à celles ci.

***

CHAPITRE XXIV.

De la differente maniere des Ponts de Charpente. 1°, Des Ponts de Charpente Fixes & Dormans.

Palladio explique la figure du Pont de Charpente que César fit faire sur le Rhin pour le traverser, tel qu'il est décrit dans les Commentaires, Livre 4, que César rapporte ainsi.

Rationem igitur Pontis hanc instituit. Tigna bina sesquipedalia paululùm ab imo praacuta, dimensa ad altitudinem fluminis, intervallo pedum duorum inter se jungebat. Hac cum machinationibus immissa in flumine defixerat, Fistucisque adegerat, non sublico modo directa ad perpendiculum, sed prona, ac fastigiata, ut secundùm naturam fluminis procumberent. His item contraria duo ad eundem modum juncta intervalle pedum quadragenûm ab inferiore

parte, contra vim atque impetum fluminis converfâ
ftatuebat. Hæc utraque infuper bipedalibus trabibus
immiffis, quantùm eorum Tignorum junctura difta-
bat, binis utrinque Fibulis ab extremâ parte difti-
nebántur. Quibus difclufis, atque in contrariam
partem revinctis, tanta erat operis firmitudo, atque
ea rerum natura, ut quo major vis aquæ fe incita-
viffet, hoc arctiùs illigata tenerentur. Hæc directa
injecta materiâ contenebantur, ac Longuriis Crati-
bufque confternebantur: Ac nihilo feciùs Sublicæ ad
inferiorem partem fluminis obliquè adjungebantur,
quæ pro Ariete fubjecta, & cum omni opere conjun-
ctæ vim fluminis exciperent: & aliæ item faprà
Pontem mediocri fpatio, ut fi arborum trunci, five
naves dejiciendi operis caufâ effent à Barbaris miffæ,
his defenforibus earum rerum vis minueretur, neu
Ponti nocerent.

Voici comme Palladio rapporte le deffein dont ce
Pont étoit conftruit, Planche 14e.

A. Ce font deux Pieux en profil, d'un pied & demi
d'épaiffeur, appointés par le bout d'en bas, plantés
dans le Rhin de biais, diftanciés de deux pieds ; figurés
par *I K* en élévation.

B Ce font les deux autres Pieux qui s'oppofent au
courant de l'eau, éloignés de *A* de 40 pieds.

C Eft le profil d'un de ces Pieux.

D Eft un Lien amortoifé qui foutient par un encaf-
trément en entaille, la Poutre qui eft au deffus *G D.*

E Eft le profil de ce Lien.

F Ce font les Pontrelles qui forment la Travée du
Pont, pofées tant pleins que vuides entre les Entrevoux.

G Pieux qui arcboutent la Palée pour la tenir en
H iiij

raifon contre la rapidité de l'eau.

H Brife-glace pour empêcher que les troncs d'arbres, ni rien autre chofe ne puiffe nuire à la palée du Pont, compofée de deux Pieux *K I*.

I H C'eft l'élevation des deux Pieux de la Palée avec celle du Brife-glace *H*.

R Eft l'efpace de la Palée pour recevoir la Poutre ou Travon, afin de fupporter la Travée, &c.

Qu'il foit vray que le Pont fur le Rhin dont parle Céfar dans fes Commentaires, eût une pareille figure, c'eft fur quoy on ne doit pas tout à fait compter; fi la chofe n'eft pas vraye, elle eft fort bien imaginée. Sur la defcription que nous fait Céfar de ce Pont, on pourroit figurer d'autres deffeins qui feroient certainement plus affurés que celui que nous donne Palladio. Comme toute la force de cet ouvrage de charpente ne confifte qu'aux entailles des Liens & des Pieces qui le compofent, je ne trouve pas qu'il y eût de la fageffe de compter fur un pareil deffein de Pont, à caufe qu'un feul Lien venant à manquer, il faut que la Travée écroule; au lieu que de la maniere dont on fait aujourd'hui les Ponts de charpente, quand la moitié des bois dont ils font compofés, & qui les affurent, viendroient à manquer, ils feroient infiniment plus feurs que n'eft celui dont Palladio nous donne la figure.

A peu près, & d'une femblable invention, Scamozzi nous donne un deffein qu'on trouve dans fon Ouvrage & dans celui de Mathurin Jouffe, traduit par M. de la Hire: chacun pourra juger de ce deffein fi l'on peut prendre des modeles de femblables ouvrages pour les mettre en execution: comme je ne table que fur ce qui eft, & non pas fur ce qui n'eft pas, c'eft que perfonne ne s'eft avifé encore de fe fervir de pareils ouvrages pour les mettre en execution, avec beaucoup de raifon. Plufieurs chofes qu'on imagine, font bonnes pour le Cabinet, qu'on n'oferoit mettre en pratique.

Les Ponts de Charpente, suivant la bonne maniere
du temps, & non celle des Auteurs qu'on ne suit pas,
sont ceux qui sont plantés avec un ou deux fils de Pieux
pour palées. Ils sont plus ou moins larges, suivant la
grandeur des routes, & du nombre des personnes qui
y doivent passer dessus. Ils sont élevés aussi haut que la
navigation qui se fait aux Rivieres qu'on leur fait traverser le demande. On fait encore une de leur travée
aussi large que celle des Ponts audessus, & audessous
qui servent à faire passer les plus larges Bateaux pour le
transport des Marchandises.

Ils sont à une, deux, ou plusieurs palées. Ceux qui
ne sont qu'à une palée, sont les plus legers, qu'on
fait plus ou moins larges, & qu'on ne peut réduire pour
y faire passer des Chariots qu'au moins à dix pieds de
large, qu'on plante sur un fil de Pieux, composé de 5 Pilots, tout au moins, espacés les uns des autres d'environ 4 pieds, & un de chaque côté en aîle, tous coëffés,
& arrêtés d'un seul sommier, & moisés à la superficie
des plus basses eaux, terminés par des travées, & des
lisses à l'ordinaire. Ce sont là les moindres des Ponts
de Charpente les plus réguliers, pour traverser des
simples Rivieres. Ceux au contraire qui sont à un plus
grand usage, sont faits de 3 à 4 toises de large, ou environ, de 2 à 3 rangs de fils de Pieux pour palées,
coëffés, liernés, & moisés selon l'Art, avec des contrefiches à deux rangs, pour les entretenir telles qu'on
le juge à propos.

La plûpart de ces palées ainsi doubles, & triples, sont
pour l'ordinaire contregardées du côté d'amont par un
avant-bec de pilotage, en guise de brise-glace qu'on
revêtit de planches par dehors, depuis les plus basses
eaux de la Riviere, jusques aux plus hautes des inondations, afin que lorsque les eaux charient des glaces,
& des arbres, les uns & les autres ayent moins de prise
sur le corps des palées, & qu'ils ne fassent que glisser.

On espace dans les Ponts qui ont ainsi des travées, les Pieux de 3 en 3 pieds par en bas, tant du plus que du moins, qu'on réünit au haut à un pied & demi, à 2 pieds, pour chaque vuide d'entrevoux ; de sorte que faisant une plus grande largeur en bas, ils renforcent davantage le Pont en maniere d'empatement pour ré-sister davantage à tous les efforts des eaux, & de tout ce qu'elles entraînent qui peut s'y arrêter. D'ailleurs, le terrain du fonds de la Riviere dans lequel les Pieux sont plantés, n'est point tant tourmenté, ni divisé par l'effort du plantement des Pieux, & par conséquent le fonds en est plus assuré, moins il est divisé.

Quand la Riviere dans laquelle on projette un Pont de bois est fort encaissée, pour l'ordinaire elle est plus profonde.

Plus elle a de profondeur d'eau, plus il faut prendre des précautions à l'égard des Pieux. Si la profondeur d'eau est d'environ 25 à 30 pieds, les Pilots ne peuvent point prendre que 6, 8 à 10 pieds, dans le terrain au-dessous des eaux, suivant qu'il est plus ou moins de consistance, c'est dans ces endroits où les palées doi-vent être doubles, & triples, pour mieux s'entretenir ensemble, liées avec des chapeaux, & des moises à la superficie des plus basses eaux. De là en haut jusqu'à l'aire du Pont, & aux travées, les Pieux doivent être entés, soit dans les moises, soit audessus, suivant la maniere ordinaire, afin de faire une portée de Pont de 4 à 5 toises de haut, audessus des plus basses eaux, pour le passage des Bateaux, & pour celui des eaux, lors des inondations qui en doivent terminer la hauteur. On ne sçauroit mieux voir toutes ces manieres que par les exemples des Ponts que je rapporte, Planches 16ª & 17ᵉ, où l'on trouve les coupes & les élévations de ceux de Lyon qu'on vient de construire tout de nou-veau. On revêtit bien souvent les palées des Ponts avec des dosses, & surtout leur avant-bec, depuis les plus

basses eaux, afin que les Arbres ne s'y arrêtent pas en
passant, en entrelaçant leurs branches, & leurs racines
entre les Pieux.

CHAPITRE XXV

2°, Des Ponts fixes, & mouvans, qui comprennent
tous les Ponts-levis.

1°, A deux Fleches.
2°, A une Fleche.
3°, A Bascule.
4°, A Coulisses.
5°, Et Tournant.

ON peut établir à quelque Pont fixe que ce
soit, & dormant, toute sorte de Ponts-
levis, comme à un Pont de Maçonnerie,
& à un de Charpente aussi.

On en peut aussi établir à un Pont de
Charpente mouvant, comme est celui qu'on fait sur des
Bateaux, qui est flotant. A cause que ces sortes de Pont
ne sont pas fort élevés audessus de la superficie des
eaux des Rivieres où l'on les pratique, comme le ré-
présente la Figure 2e, Planche 24e, & celle de la Planche
25e, Figure 1re, où l'on voit un double Pont-levis qui
s'éleve d'un côté & d'autre, pour laisser une espace
suffisant propre au passage des plus grands Bateaux. Et
au contraire, on se sert d'un seul Pont-levis pour défendre le passage devant la Porte d'un Château, ou
d'une Ville. Ces Ponts-levis sont composés ordinairement de deux Fleches, qui tournent par des Tourillons, dans des Crapaudines, que les pieds droits de

Maçonnerie, ou des poteaux de Charpente supportent.

On fait ces Ponts, en sorte que les Fleches soient toûjours paralleles, & égales aux Ponts qu'elles doivent lever. Et la ligne tirée d'un Tourillon, ou du centre de l'Essieu des Fleches, au centre de l'Essieu du Pont-levis, doit être encore parallele, & égale à celle des chaînes qui servent à lever le Pont.

Les pieces d'un Pont-levis sont,

1°, Les deux Fleches.

2°, L'Essieu.

3°, Les Entre-Toises.

4°, La Culasse.

5, Et la Croix de Saint André.

Toutes ces pieces doivent tenir en équilibre les chaînes, & le Pont-levis qui est audessous, & dont les pieces sont,

1°, L'Essieu.

2°, L'Entre-Toise.

3°, Le Chevêtre.

4°, Les Poutrelles.

5°, Les Dosses ou Plancher que les Poutrelles supportent.

Il y a des Ponts-levis à une Fleche que l'on met ordinairement à côté d'une grande Porte de Ville, à un Guichet, ou à une Poterne, pour laisser défiler les gens, un à un, & qu'un homme à cheval peut quelquefois seulement passer. La Fleche de ce Pont est portée sur un Essieu tournant plus ou moins grand suivant la disposition du passage. Et le bout de la Fleche est garni d'un Colier, ou d'un Anneau audedans, duquel tourne un Arceau de fer de la largeur du Pont-levis qui s'éleve avec deux chaînes.

Il y a des Ponts-levis à Baccule. J'ay fait faire des uns, & des autres. On doit observer dans les uns, & dans les autres de mettre le Tourillon toûjours au milieu des Fleches, afin de garder l'équilibre de la Charpente, soit en le levant, soit en l'abaissant. Quand le Tourillon est audessous des Fleches, il est certain qu'il est plus assuré, mais aussi le jeu du Pont-levis est tres difficile. Il faut 5 à 6 hommes pour le relever, & s'abat avec trop de précipitation contre le derriere de l'avant-corps de la porte. J'en ay vû des accidens tres fâcheux. Un Soldat à la Citadelle de Nismes dans la Chambre du Pont-levis de la porte du Secours, fut écrasé, & moulu contre le mur, & cela n'arrive jamais quand les Ponts-levis sont bien en équilibre.

On joint ordinairement des chaînes à la Culasse des Fleches pour les pouvoir lever facilement, & les tenir en contrepoids. On charge à cet effet par un encaissement le derriere du Pont levis, entre l'entre-toise, & la Culasse qu'on remplit de Boulets de Canon, ou de la Maçonnerie jusqu'à ce que le tout soit contrebalancé, & en équilibre.

On fait des Ponts-levis à Coulisse, mais ceux-ci ne sont pas si aisés que les autres, ni si prompts à servir, à moins qu'on ne ferme les Portes, ou les Barrieres auparavant, ce qui demande bien souvent trop de temps, pour ne se mettre pas assez tôt à couvert d'une surprise. On tire ce dernier avec une chaîne qui est attachée à sa Culasse, & qui passe au travers d'une fente, ou d'un trou qu'on pratique au bout du plancher de sa chambre.

On en fait aussi des Tournans, sur un seul Pivot. Et tous ces Ponts-levis sont plus ou moins utiles, suivant les endroits où l'on les pratique, & suivant l'usage auquel on les destine.

CHAPITRE XXVI.

Des Ponts Mouvans, & Volans.

1°, Les Mouvans qui font les Ponts à Bateau, & à Pontons, &c.

2°, Les Volans, qui font les Bacs à Traille.

3°, Les Bacs à Grenouillette.

4°, Les Ponts Volans.

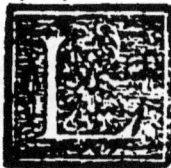

1°, LEs Ponts mouvans à Bateau, font établis ordinairement fur des Fleuves ou fur des Rivieres où les mauvais fonds, & d'autres raifons ne permettent pas qu'on puiffe y projetter d'autres Ponts à piles, ou à palées. On conftruit les Ponts mouvans fur des Bateaux qu'on fait expreffément plats audeffous, & de la longueur convenable à la largeur du Pont que l'on projette. Ces Ponts fe meuvent, & font flotans, en fuivant toûjours la hauteur de l'eau, comme qu'elle foit, dans fon état d'inondation, ou dans fon état naturel, ou lorfqu'elle eft tout à fait baffe. On donne ordinairement 3 à 4 toifes de diftance de bord à bord d'un Bateau à l'autre, & chaque Bateau ayant 2 toifes de large, une poutre de 5 à 6 toifes de long, détermine la diftance de chaque Bateau de milieu en milieu. De maniere que peuplant chaque travée des poutrelles qu'il y convient, on les lie près à près avec d'autres poutrelles fur les Bateaux, en forte que le tout fait un enchaînement de Pont de la largeur de la Riviere. Ces Ponts fe conftruifent ordinairement fur les bords des Rivieres, & fuivant leur courant en defcendant,

pour mieux mettre à portée les Bateaux, & les dispo-
ser suivant le cours de la Charpente. On les couvre de
dosses, une lisse à ses côtés, avec des Banquettes pour
servir de sieges ; & étant enfin finis, suivant la largeur de la Riviere, on les monte tous d'une piece par
des cordages, que des Tours & des Vindas dévuident
en montant. On les tient ensuite en raison avec des Anchres qu'on a jettées en plusieurs endroits de la Riviere, on a des fils de Pieux qu'on a plantés expressément
audessus de son courant. On assure ces Ponts flotans aux
bords des Rivieres à leur entrée & sortie avec des
ouvrages de Maçonnerie en forme de Quay, qui leur
servent d'attache. Et on fait à l'endroit le plus propre,
& le plus profond de la Riviere, où est pour l'ordinaire le passage des Bateaux qui servent à la navigation,
un ou deux Ponts-levis, suivant la largeur qu'il importe d'établir à l'usage du commerce que les Bateaux
Marchands déterminent.

On ne fait ainsi de grands Ponts à Bateaux flotans
pour traverser un grand Fleuve, que lorsqu'on est
maître des deux bords de la Riviere. Mais lorsqu'on ne
se peut assurer qu'un bord, & que de l'autre on y rencontre l'Ennemi qui doit en disputer le passage, on
dispose le Pont flotant tout autrement qu'on n'a fait
celui-ci ; c'est-à-dire, qu'après l'avoir construit sur le
bord de la Riviere, dont on est le maître, où l'on l'assure à son attache ; on fait descendre peu à peu avec
des cables, son autre bout, que des Tours dévuident
également en descendant, jusqu'à ce qu'il aille rencontrer l'autre bord de la Riviere où l'Ennemi est pour
l'ordinaire retranché pour en empêcher le passage. On
doit alors l'aller forcer dans ses Retranchemens, pour
être maître de leur bord, afin de faire une attache à
la sortie du Pont sur le bord de la Riviere. On jette
après des Anchres dans la Riviere, & audessus pour
assurer mieux le milieu du Pont, qui ne l'est auparavant

que par les cables que les Tours soûtiennent en raison
sur le bord de la Riviere, & par côté. Ces Ponts ainsi
construits pour le passage d'une Armée, son fort legers,
faits de plusieurs Bateaux, ou Pontons de Cuivre, &
de Cuir, que des cordages lient les uns & les autres
à certaines distances, & que des solives fort legeres
tiennent en raison pardessus, qu'on couvre de planches
aussi, préparées expressément. Ces Ponts se retirent
ensuite aussi facilement qu'on les a établis. On les fait
de toute sorte de Bateaux, grands & petits, qu'on peut
trouver dans le cours de la Riviere où l'on est le maître.
A leur défaut on se sert de tout ce qui peut floter aisément sur l'eau, qu'on lie différemment, suivant la disposition des choses, & l'occasion. Car on se sert dans
le besoin de tonneau, de poutres de sapin entieres,
d'autres creusées expressément, & gaudronnées, de
peaux de bouc enflées, de faisseaux, de roseaux, &c.
On couvre ces Ponts par des lisses que l'on garnit de
toiles, afin de couvrir les Travailleurs, quand le besoin le demande, & pour ne voir pas ce qui se fait au
derriere, ni les gens qui passent dessus. Ces toiles servent encore à soûtenir le Pont, lorsque les vents montent la Riviere.

2°, Les Ponts volans sont les Bacs de toute mániere,
que les hommes ont inventé différemment, suivant la
necessité, & la disposition des lieux.

Les premiers, & les plus simples sont ceux qui se font
en passant au travers d'une Riviere, un cable que l'on
file sur le bord du Bateau autour d'un Tourniquet.
Et l'on traverse ainsi les Rivieres dans des Bateaux plats,
les grandes & petites Voitures. Les cables coulent à
fonds quand le Bac ne traverse pas la Riviere pour
laisser la navigation, & le passage des Bateaux Marchands à monter ou à descendre.

On fait encore des Bacs plus aisés dans les Canaux,
où les eaux sont soûtenuës par des Ecluses, où *elles*
n'ont

n'ont point de courant. C'eſt qu'on attache le Bac de
part & d'autre, avec une corde, ou un cable, dont le bout
de chacun eſt lié à un Piquet ſur le bord du Canal. De
cette maniere on a la liberté de part & d'autre de tirer
de chaque côté du Canal le Bac pour le faire aborder
où l'on eſt, & pour paſſer de l'autre en amenant la corde à ſoy. On fait ſervir à ces ſortes de Bacs, à la place
d'un Bateau, pluſieurs poutres de ſapin que l'on lie
avec des planches en travers qu'on y cloüe deſſus en
forme de plancher, pour y faire paſſer des petites voitures, des troupeaux, &c.

3°, Quand les Bacs ſont mieux entendus, on les dirige, par le moyen d'un grand cable qui traverſe le
Fleuve en différens endroits, lorſqu'il eſt trop large,
comme dans les courans, entre pluſieurs Iſles, où il
ſe partage.

Ces cables ſont tendus fort haut, autant que les bateaux qui ſervent au Commerce, le permettent pour
pouvoir paſſer deſſous.

Ces cables ſont tendus par le moyen de différens
tours de chaque côté de la Riviere ſur des enfourchemens de deux à trois corps d'arbres que l'on plante ſur
ſes bords. L'on paſſe une Grenouillette autour de ce
cable à laquelle on attache une corde, qui prend au Bac
ſur un de ſes bords à un cinquiéme ou environ de ſa
longueur, de maniere qu'en changeant cette corde
d'un côté & d'autre du Bac, ſans qu'on ſe mêle plus
de rien, que de diriger le Gouvernail, le Bac traverſe
la Riviere par la force de l'eau qui le prend par le côté,
& le pouſſe de même, de maniere que la Grenouillette
courant toûjours le long du cable, & à différentes repriſes, le Bac arrive par cette diſpoſition de part & d'autre, à chaque bord de la Riviere.

La derniere maniere qu'on a imaginée encore, pour
traverſer un grand Fleuve avec un Bac, c'eſt le Pont
volant, qui n'eſt qu'un bateau attaché au bout d'un long

I

cable, arrêté au milieu de la Riviere, & fort loin audeſſus, plus la Riviere ou le Fleuve qu'on veut traverſer a de largeur. Ce long cable eſt ſupporté par des
petits bateaux de diſtance en diſtance, autant que les
eaux de la Riviere le permettent, afin qu'il ne les touche pas, pour en empêcher la direction. Ce qui em-
pêcheroit le Bac de traverſer la Riviere.

Cette derniere maniere porte le Bac de part & d'autre
de la Riviere, d'un mouvement à peu près ſemblable
aux vibrations d'une pendule.

Les Bacs dans les grands paſſages, peuvent être à
un & deux bateaux, avec un plancher audeſſus. Le plus
bas dans le fonds de la Barque peut ſervir à faire paſſer
la Cavalerie, & celui audeſſus pour faire paſſer les
gens à pied, ou l'Infanterie.

Monſieur Parent a examiné que l'Angle que fait le
plan de l'aîle d'un Moulin à vent, avec un perpendi-
culaire au cours du vent, dans la pratique ordinaire
autour de Paris, étoit de 18 degrés 26 minutes, cet
Angle eſt différent en différens autres Pays. Il n'en à pas
pû découvrir la cauſe. Or cet Angle, dit-il, eſt tres
ſenſiblement éloigné du plus avantageux, tel qu'il a démontré dans les Elemens de Mech. & de Phyſic. qui
doit être de 35 degrés & demi, & qui eſt le même que
l'Angle d'un gouvernail qu'on trouve dans la manœuvre des Vaiſſeaux ; le quarré de la Tangente de ce dernier, étant la moitié de celui du Rayon. Voilà donc une
reforme qui mérite qu'on y faſſe attention.

C'eſt par le moyen de cet Angle plus ou moins ouvert, que le courant de l'eau fait avec le côté du bateau,
que le Pont va plus ou moins vîte d'un bord de Riviere
à l'autre, de même que les aîles d'un Moulin à vent.

CHAPITRE XXVII.

Des défenses des Ponts.

1°, *Des Brise-glaces.*
2°, *Des revétiſſemens des Piles dégravoyées, ou des Créches.*

1°, LEs Brise-glaces ſont plus ordinaires à la tête des Ponts de Charpente, d'amont l'eau, qu'à ceux de Maçonnerie, à cauſe que ceux-ci ont pour l'ordinaire plus de force à réſiſter au poids, & à l'heurt des pieces de glace que les Rivieres entraînent. Cependant on ne ſçauroit prendre trop de précautions dans toute ſorte de Ponts, & quand on feroit des Briſe-glaces devant ceux de Maçonnerie, dans les Pays qui ſont les plus ſujets aux glaces, comme ſont ceux qui approchent le plus du Nord, & qui ſont voiſins des Alpes, & des Pyrenées, où le froid eſt plus fort en France que dans les plaines, ce ne ſeroit que le mieux. Quels chagrins n'a-t-on pas de voir audevant d'un Pont contre les piles, des tas de glaces arrêtées, qui montent bien ſouvent auſſi haut que le Gardefol, & qui font un poids immenſe ſur l'ouvrage? Ne ſeroit-on pas plus aiſé de les voir arrêtées à certaine diſtance audeſſus par des Briſe-glaces Maçonnées, ou établies par des Pieux, à un, deux, ou trois rangs de palées, ſuivant que la néceſſité le demanderoit? Les Briſe-glaces, ſoit de Maçonnerie, ſoit de Charpente, ſe font à peu près de la largeur des Piles, ou des palées des Ponts qu'ils contregardent. Il n'y a rien de fixe là-deſſus, ſurquoi

I ij

on puiſſe tabler, que les coûtumes des lieux, & la néceſſité des choſes qui le demandent plûtôt d'une maniere que d'une autre, & que la raiſon doit toûjours conduire.

2°. Les Rivieres changent ſans ceſſe la diſpoſition de
leur lit. Un arbre couché dans ſon courant, un rocher renverſé, une jettée, un épy, & tout autre ouvrage, font varier ſi fort une Riviere, que changeant
dans un endroit par de nouvelles lignes de reflexions
que luy font acquerir les nouveaux corps, dont on les
embaraſſe, ce changement ſe perpétuë bien ſouvent
audeſſous, & ſe fait ſentir juſques près de la Mer, de
maniere que ce qui étoit gravier auparavant, devient
un gouffre, & ce qui étoit une profondeur d'eau ſe
comble de gravier. J'en ay vû tant d'effets par les ouvrages que j'ay fait faire au milieu, & ſur les bords
des Rivieres, que je l'ay toûjours éprouvé de même.
Ce ſont ces différens changemens qui dégravoyent aujourd'hui un côté d'une pile, la creuſent un autre jour
dans un autre de ſes côtés, que peu à peu la minent en
différens endroits, & l'affoibliſſent, en ſorte que par
le grand poids de tout l'ouvrage, le Pont s'éfondre audeſſous des creux où les eaux ont foüillé.

Si l'on peut, enfin, empêcher que les Rivieres ne
dégravoyent les Piles en changeant ainſi de courant, il
eſt certain que les Ponts ſubſiſteront toûjours, & pour
cela on ſe ſert de divers moyens.

On bat divers fils de Pieux, autour des avant-becs
des Piles dégravoyées, autant que la Sonnette peut
joüer tout autour, à cauſe qu'elle ne peut ſe placer à
l'endroit des Créches ſous les Arches, pour y planter
une pareille Charpente, où les curvités des reins ſont
trop baſſes pour le permettre, on ſe contente de battre
dans ces endroits des Pieux avec la maſſe à deux &
trois Manches, & de lier la tête de tous, avec des Chapeaux à Rainures, & Pals-à-planches, pour achever de
revêtir tous les côtés de la pile.

Les fils des Pieux se mettent à une toise, ou 9 pieds loin des faces, & du pied des piles. On s'écarte ainsi tant du plus que du moins, afin de ne rencontrer pas avec la pointe des Pieux les premieres retraites des fondemens, que l'on abatroit infailliblement, si l'Armature des Pieux y portoit dessus. Ce qui seroit capable de ruiner le pied de l'ouvrage, de le faire renverser, au lieu de l'assurer. L'autre raison qu'on a de s'écarter ainsi du pied de l'ouvrage, c'est que tant plus on s'en éloigne, plus la Crêche est spacieuse pour pouvoir contenir davantage des matériaux en jettée, soit à pierres perduës, qui vont remplir le vuide audessous des piles en roulant les unes sur les autres, ou bien de la Maçonnerie à fonds perdu, qui coule ainsi partout, & où elle fait prise d'abord quand elle est faite sur le champ avec de la Chaux éteinte à l'instant. Tous moyens plus ou moins convenables, suivant la disposition des lieux. Quand enfin, la Riviere vient à creuser audessous de tous ces ouvrages, les matieres dont on les a bloqués, & remplis, suivent les creux des tournoyemens des eaux, & les garnissent en descendant plus bas ; ce que l'on connoît audessus de la Crêche où l'on voit qu'elle se dégarnit, & que l'on regarnit de nouveau.

On doit remarquer que quand les jettées se font dans ces endroits à pierres séches, on doit employer des plus gros quartiers de pierre, mêlés avec des plus petits, afin que ceux-ci remplissent les vuides qui se trouvent entre les grands.

Les revétissemens des piles du Pont Saint-Esprit, ne font autre chose que de grands quartiers de pierre de taille, qui portent leur coupe autour des piles, pour les garnir parfaitement bien en tout sens, & que l'on lie avec des crampons de fer, où il est nécessaire. Et à mesure que ces rangées de pierres descendent au bas des piles, à cause que les eaux fouillent audessous, pour en remplir le dégravoyement, on en remet d'autres pardessus qu'on fait venir par bateaux des Carrieres du Roy, qui font à deux lieuës audessus près du Bourg. Ces Carrieres font uniquement affectées pour l'entretien du Pont Saint-Efprit.

Plufieurs obfervent de couronner ces ouvrages d'un Talud couvert de Dales, ou autrement, comme l'on peut voir au Pont de la Guillotiére, fur le Rône à Lyon, & ailleurs. Mais je n'eftime point tant ces Taluds, comme fi l'ouvrage étoit couronné de niveau. Le premier fait toûjours effort pour s'écarter de l'aplomb des piles, & pour pouffer en dehors la tête des Pilots qui les fupportent ; au lieu que le dernier ne fait aucun de ces mauvais effets, & n'occupe point tant de place fous les Arches pour faciliter davantage le paffage des eaux.

Il eft certain que tous ces revétiffemens de piles, & ces Créches rétreffiffent le lit de la Riviere, ce qui donne au courant des eaux une fuite beaucoup plus rapide entre les Arches.

Si celui-ci devient plus dangereux, le pied des piles s'affure davantage auffi, par le revétiffement qu'on leur pratique, fans lequel le Pont périroit bien fouvent. C'eft ainfi qu'on fouffre un moindre mal, pour en éviter un pire.

CHAPITRE XXVIII.

Dictionnaire des termes des Arts, dont on se sert dans la construction des Ponts, contenus dans le present Ouvrage, par ordre Alphatique.

A

ABATIS. Coupe de Bois dans une Forêt, c'est aussi dans une Carriere toute la pierre que les Carriers ont abatuë, ou arrachée.

About. C'est l'extrémité d'une piece de Bois, depuis une entaille, ou une mortoise, qu'on employe dans un Cintre, dans un Pont de Charpente, &c.

Abreuvoir. Petit Auget fait de Mortier, pour remplir de coulis, ou de Mortier fin, les joints des Voussoirs d'un Pont, &c.

Aiguille, ou Poinçon. Piece de bois de bout dans un Cintre, entretenuë par deux Arbalêtriers, quelquefois courbes, pour porter les dosses à construire d'un Pont, & par un entrait, Planche 18, Figure II, E D.

Aire de Pont. C'est le dessus d'un Pont sur lequel on marche, pavé, ou non pavé. *Voyez* le profil. Planche 15, D E C.

Amarer, terme de Marine, & de Riverain, qui signifie attacher une chose avec une autre, par le moyen d'un cable, &c.

Amoise. Piece de bois entre deux moises, qui sert à entretenir l'assemblage d'une palée de Pont. Planche 16, dans l'élevation, D C.

L iiij

Amont. Terme dont on se sert pour marquer ce qui est audessus d'une chose, comme l'avant-bec d'une pile, est l'avant-bec d'amont, & l'arriere-bec celui d'aval qui est audessous du Pont. Planche 16, *DC.* dans le profil.

Amortissement, ou couronnement d'un ouvrage ; c'est tout ce qui en termine la hauteur, comme le gardefol, celle d'un Pont, & le Bahu, ou la Tablette, celle de ce même Gardefol. Planche 22, *V X.* Elevation, Fig. 19.

Anchre. Barre de fer en dehors à plusieurs figures, attachée au bout d'un tirant, ou de bois, ou d'une chaîne, pour entretenir les murs de tête, de face, & les aîles d'un Pont, lorsque les poussées des Arches les écartent, ou bien le poids des terres dont on les a chargés ; surtout les Pavés bombés qu'on pratique à l'entre-deux. Une culée du Pont de Saint Maur est ainsi contregardée, sur la Riviere de la Marne à 2 lieuës de Paris. Le Pont de Besiers sur la Riviere d'Orb en Languedoc, est ainsi assuré avec des Anchres, & des tirans pour empêcher que les murs de face ne s'écartent audelà de leurs aplombs.

Anter un Pilot, c'est le joindre bout à bout avec un autre qui est trop court, & qui n'a pas assez de portée pour servir de renfort à un Pont. Ce qui se fait par entailles, ou autrement, &c. Planche 16, Fig. 1, 2, 3 & 4.

Apareilleur, Ouvrier qui trace les pierres & les voussoirs d'un Pont ; & qui est pour l'ordinaire celui qui conduit le mieux l'ouvrage, comme le plus entendu.

Arbalêtriers. Sont pour l'ordinaire les deux pieces dans un Cintre de Pont, qui portent en décharge sur l'entrait, & qui s'amortoisent à une aiguille, ou poinçon. Ce sont ces deux pieces sur lesquelles on pose les potelets qui portent les courbes, & celles-ci les doſſes. Planche dix-huit, Figure dixiéme.

Arbre. C'eſt pour l'ordinaire la plus forte piece d'une Machine qui ſert à lever des fardeaux, qui porte à plomb ordinairement, & ſur laquelle tournent la plûpart des autres qu'on place au plus haut d'un Pont, pour enlever du plus bas, les Vouſſoirs, & les matériaux les plus lourds.

Arc à l'envers, Arc renverſé, ou Cintre renverſé, c'eſt un Arc bandé en Contrebas, pour entretenir les piles d'un Pont entre les Arches, afin qu'elles ne taſ-ſent, ou ne s'affaiſſent, qu'on pratique dans un ter-rain de foible conſiſtance, & dont on s'eſt ſervi dans la plûpart des Aqueducs du Canal Royal du Langue-doc, afin que les eaux ne puiſſent point foüiller ſous les fondations des culées, & des piles. Planche 25, Fig. 2, *E F G H.* &c.

Arcade. C'eſt dans un Aqueduc, dans une Egliſe, dans unBâtiment conſiderable,ce qui ſe termine en voute, & qui a été cintré. Planche 22, Figure 1.

Arcboutant. Toute maçonnerie,avec une portion d'Arc qui ſert de Contrefort à un mur, qui eſt prêt à ren-verſer, ou toute piece de bois qui ſert à contretenir les pointals des Echafauds, les poutrelles d'un Pont de Charpente, comme la Contrefiche. *Voyez* Con-trefiche.

Arceau. C'eſt la voute, ou la petite Arche d'un Pon-ceau. Planche 22, Fig. 19, Elevation.

Arche. Voute qui porte ſur les culées d'un Pont, ou ſur des piles. Maîtreſſe Arche, celle du milieu d'un Pont, pour l'ordinaire plus grande que les autres. L'Arche diffère de l'Arceau, en ce que celle-ci eſt extrémement grande, où une grande Riviere paſſe deſſous ordinairement, au lieu que l'Arceau n'eſt autre choſe que la petite ouverture d'un Ponceau de-puis 3 pieds à 2 toiſes d'ouverture, tant du plus que du moins, & où il paſſe un ruiſſeau, ou quelque Ravine. Planche 19, Fig. 6.

Arche extradoſſée, eſt celle dont les Vouſſoirs ſont égaux en longueur, paralleles à leurs doüelles, & qui ne ſont aucune liaiſon entr'eux, ni avec les aſſiſes des reins. La plûpart des Ponts antiques, ſont ainſi extradoſſés. Celui de Nôtre-Dame à Paris, le Pont du Gard, les Arceaux, & Arcades des Arenes de Niſmes. Le Pont d'Avignon, &c. Planche 35, Figure 4.

Arche d'aſſemblage, eſt un Cintre de Charpente bombé, & tracé d'une portion de Cercle, pour faire un Pont. Planche 18, Fig. 1, 2, 3, &c.

Arrête. C'eſt l'Angle d'une pierre, d'une piece de bois, &c.

Arriere-bec d'une pile, c'eſt la partie de la pile, qui eſt ſous le Pont du côté d'aval, R. au lieu que l'avant-bec eſt celle qui eſt du côté d'amont, S. Planche 17, Fig. 2, profil.

Armature. C'eſt toute ſorte de Lien de fer qui ſert à aſſurer une piece de bois, &c.

Aſſemblage en general, c'eſt la maniere de joindre une ou pluſieurs pieces de bois à l'uſage des Cintres des Ponts. Voyez Planche 19, Fig. 8, 9, 10, 11, 12, 13, 14 & 15, & Planche 18, Figure 6 & 11, & Chapitre 15.

Aſſiſe de pierre, eſt celle qui pour l'ordinaire eſt d'une même hauteur, ou de même échantillon.

Aval. Voyez Amont.

Avant-bec. C'eſt la pointe d'une pile qui ſert à fendre l'eau, qu'on couvre pour l'ordinaire de dales à joints recouverts, de même que l'arriere-bec, qui eſt audeſſous du Pont, oppoſé à celui-ci. Planche 22, Figure 7, N.

Aubour. C'eſt le blanc du bois de Chêne, qu'on ne doit employer que ſous l'eau & en Pieux; il eſt ſujet à être percé par les vers, employé aux ouvrages du dehors. Il fait une cerne autour du corps de l'arbre ſous l'écorce, de certaine épaiſſeur.

B

BAHÚ. Profil bombé, ou à deux pentes, soit en bois, ou en pierres, comme l'affise de pierre qui couronne ordinairement un Gardefol, quand elle n'est pas travaillée en tablette ; une Lisse, &c.

Bajoyers. Ce sont les bords d'une Riviere entre les Culées d'un Pont.

Baliveau. *Voyez* Bois.

Bandeau. *Voyez* Extrados.

Banquette de Pont. C'est le chemin le plus relevé à côté d'un Pont, où passent ordinairement les gens à pied.

Bacquet. Instrument à puiser de l'eau. *Voyez* Planche 21ᵉ, Figure 6ᵉ.

Bâtardeau. Ouvrage pour retenir les eaux. *Voyez* Planche 21, Figure premiere.

Bayart. Instrument qui sert à deux hommes, pour porter differens fardeaux.

Baye. *Voyez* Radier.

Binard. Chariot fort à quatre roues, où les Chevaux sont attelés deux à deux, & qui sert à porter de gros blots de pierre, comme des Voussoirs à l'usage d'un Pont.

Bloquer. C'est remplir une Fondation de moëllons sans ordre, comme dans l'eau ; quand on rétablit le degravoyement d'une Pile, qu'on a entourée auparavant d'un pilotage & de Pals-à-planches, d'une Créche. Planche 23, Figure premiere, *E F N M E*.

Bois, selon ses especes, ses façons & ses défauts.

Bois vif est celui qui porte du fruit.

Bois mort est celui qui n'a plus de vie, & qui est sans humeur.

Mort-Bois est celui qui vit, mais qui n'apporte point de fruit.

Bois en étaut eſt celui qui eſt debout.

Bois d'entrée, eſt celui qui eſt entre verd & ſec.

Bois giſant, eſt celui qui eſt coupé & abatu.

Bois Taillis, eſt celui qui ne paſſe pas l'âge de quarante ans, & dont la coupe ſe fait de dix ans en dix ans.

Bois en grume, eſt celui qui vient d'être coupé, & qui eſt ébranché ſur terre, propre à faire des Pieux & des Pilots.

Bois de brin, beau brin d'arbre & de tige, eſt un arbre d'un ſeul jet, à peu de branches, bien droit, bien nourri, & de droit fil.

Baliveau ſur ſouche, eſt un brin d'arbre ou rejetton le plus beau de tous ceux qui reviennent ſur un ſeul pied.

Bois de retour, qui ne groſſit plus, & qui déperit cha-que jour par la vieilleſſe.

Bois qui a quarante ans, eſt appellé Futaye ſur taillis; depuis quarante juſqu'à ſoixante, demi Futaye; de-puis ſoixante juſqu'à deux cens ans, vieille haute, & vieille Futaye; depuis deux cens ans & audelà, Bois de retour.

Bois bouge, eſt celui qui eſt courbe, & qui a du bom-bement.

Bois noueux; eſt celui qui a pluſieurs nœuds, qu'on ne doit point employer à porter de long.

Bois roulé, eſt celui dont les cernes ſont ſeparés, qui ne font pas corps avec tout l'arbre, & qu'on doit re-jetter.

Bois gelif, eſt celui qui a des gerſures ou des fentes cauſées par la gelée.

Bois tranché, eſt celui qui a des fils obliques.

Bois carié, eſt celui qui a des nœuds pourris.

Bois vermoulu, eſt celui qui eſt piqué des vers.

Bois rouge, eſt celui qui s'eſt échauffé; c'eſt ainſi que je jugeai les Mâts qu'on avoit fait venir de Canada, que feu Monſieur Begon Intendant de Rochefort me chargea d'examiner il y a environ quinze ans.

Boulins. Ce font des pieces de bois qu'on fcelle dans un mur, pour fervir à échafauder : on appelle Troux de Boulins, ceux qui reftent dans les Ponts après qu'on en a tiré les Echafaudages & les Cintres.

Boulon eft une groffe Cheville de fer, qui a une tête ronde, & fon bout percé, pour recevoir une Clavette, & dont on fe fert à divers ufages dans les Ponts, comme pour boulonner des Liernes, des Moifes, des têtes de Pilots, &c. dans les Palées des Ponts, & dans les Pilots de bordage, pour affurer une Fondation. Planche 21, Figure 8, *A B.*

Bouteroue, & Borne en certains Pays, c'eft la pierre qu'on plante fur les bords des Ponts, à leur entrée & fortie, de diftance en diftance, pour détourner le rouage des Chariots & leurs effieux de la pouffée & heurt contre les Gardefols, afin de les conferver. Planche 22, Figure 8, *E & D.*

Boutiffe, pierre dont la longueur eft dans le mur. Planche 22, Figure 9, *A B.*

Bouzin, c'eft le tendre du lit d'une pierre, qu'on ne doit point employer en maçonnerie.

Breteler, c'eft dreffer le parement d'une pierre.

Briques pofées de champ ou de camp, font celles qui font pofées de côté, & non fur leur plat. Planche 23, Figure 3, *D E R.*

Brife-glace, c'eft un ou plufieurs rangs de pieux du côté d'amont, & audevant d'une Pile de Charpente, ou Palée, pour la conferver des glaces, du heurtement des corps d'arbres, que les inondations entraînent. Les pieux des Brifes-glaces font d'inégales longueurs, en forte que le plus petit fert d'Eperon. Ils font couverts d'un Chapeau rampant qui les tient en raifon, pour brifer les glaces, & conferver la Palée. *Voyez* Planche 15, dans le profil *S R Q.*

C

CAbeſtan ou Vindas, Machine qui ſert à tirer de gros fardeaux, au milieu de laquelle tourne une fuſée orizontalement, avec des bras, qui dévuide le Cable, qui amene les gros fardeaux.

Camion, eſpece de Chariot à quatre rouës, attelé de quatre Chevaux, qui ſert à porter des pierres.

Carreau ou Pannereſſe, c'eſt une pierre de taille poſée différemment que n'eſt la Boutiſſe, & dont toute la longueur & la hauteur ſe voit en parement ou en face. Planche 22, Figure 9, *A V*.

Chantignolle, petit Corbeau de bois ſous un Taſſeau dans un Comble, ou ſous une Moiſe dans un Pont de bois, &c. entaillé & chevillé, afin d'aſſurer une Palée de Pont. Planche 15, Figure premiere, *E F*.

Chapeau de fil de pieux, piece de bois attachée avec des chevilles de fer ſur les couronnes d'un fil de pieux, & quelquefois amortoiſée. Planche 16, profil *D C*.

Chapelet, Machine qui ſert aux épuiſemens d'une Fondation.

Chevalement, eſpece d'étaye, faite d'une ou de pluſieurs pieces de bois.

Chevalet ou Trêteau, qui ſert pour échafauder, ſcier, &c.

Chevre, Machine qui ſert à enlever de gros fardeaux, compoſée de pluſieurs pieces de bois, qui portent au ſommet une Poulie, & au bas un Moulinet, afin de dévuider le Cable, qu'on appelle autrement Guindal, de guinder, ou qui éleve un grand fardeau.

Cintre, eſt un aſſemblage de Charpente qui ſert pour porter les Vouſſoirs, & la Maçonnerie d'une Arche, lorſqu'on la conſtruit. Planche 18, Fig. 1, 2, 3, &c.

Coins. *Voyez* Vouſſoirs.

Contreſiches, Pieces de bois en décharge, qui ſervent à

entretenir & supporter les poutrelles d'une Travée de Pont de Charpente. Planche 15, élevation *N P*, ou *M Q*.

Couchis, se prend pour la forme de sable d'un pavé, de même que pour les Dosses de l'Aire d'un Pont de bois, qu'on range en travers sur la Travée. Planche 15, élevation *G*.

Coussinet, c'est la premiere pierre ou Voussoir d'une Arche, qu'on pose à sa naissance, dont le joint du dessous est de niveau, & celui du dessus en coupe, & sur lequel commence la retombée de l'Arche qui monte aussi haut que les Voussoirs peuvent se supporter les uns les autres sans liaisons, sans être maçonnés, & sans être retenus par aucun Cintre. Planche 19, Fig. 6, 1, 4.

Créche, est une espece d'Eperon bordé d'un fil de pieux, rempli de maçonnerie, devant & derriere les Avant-becs de la pile d'un Pont de pierre : La Créche d'aval doit être plus longue que celle d'amont, parce que l'eau dégravoye davantage à la queuë de la pile. On appelle Créche de pourtour, celle qui environne toute une pile, & qui est faite en maniere de Bâtardeau, avec un fil de pieux, à six pieds de distance ou environ, resepés trois pieds audessus des plus basses eaux de la Riviere, liernés & moisés, s'il importe, de même que retenus avec des Tirans de fer, scellés au corps de la pile, ou bien arrêtés par des assemblages de Charpente, & remplis d'une forte maçonnerie de quartiers de pierre, pour empêcher que l'eau dégravoye & déchausse sous les fondations d'un Pont, comme on l'a pratiqué avec beaucoup de précautions au Pont-Royal des Thuilleries, du dessein de feu M. Mansart Architecte du Roy, Planche 23, Figure premiere *E F* : & suivant le dessein que j'ay donné pour assurer les piles du Pont de Toulouse, par ordre de M. de Basville Intendant de Languedoc.

Cric, Inſtrument tres-aiſé à porter, & qui eſt d'une
grande force pour ſoulever de grands fardeaux.

Cours de poutrelles d'un Pont de bois, eſt une même
rangée de poutrelles, continuée dans une & pluſieurs
Travées.

Croſſetes, *Voyez* Vouſſoirs.

Croix de Saint-André, Charpente qui porte en décharge-
ge la Liſſe d'un Pont de Charpente, & tient en raiſon les deux fleches d'un Pont-levis. Planche 15 élevation I.

Culée ou Butée, c'eſt le maſſif de pierre qui arcboute
la pouſſée de la premiere & derniere Arche d'un
Pont. On donne auſſi ce nom à la Palée des pieux qui
retiennent par des Vannes les terres derriere ce
maſſif. Planche 15, Figure 2, $Q\,T\,O\,R$, & les Vannes $Q\,R$.

D

DAles, pierres plates qui ſervent à couvrir les
Chaperons des Avant-becs des piles d'un Pont,
ce qui ſe fait en coupe de joints recouverts.

Décharge, toute piece de bois qui en ſoutient une autre, ou qui la tient en raiſon par côté, comme un
Lien, une Guette, une Contrefiche, &c. Planche
15, profil $C\,G$, Figure 2, C.

Décintrer, c'eſt démonter un Cintre de Charpente d'un
Pont, après que l'Arche eſt bandée, & que les
Vouſſoirs en ſont bien fichés & jonctoyés.

Dégravoyement, c'eſt lorſque l'eau déchauſſe & deſaccôte des pilots de leur terrain, par un bouillonnement continuel; à quoy on remedie en faiſant une
Créche ou un Bâtardeau autour du pilotage ou de la
fondation. Planche 23, Figure premiere, $G\,N\,M$.

Diable, grand Chariot à quatre roues, qui par des
Vetrins ſert à enlever entre ſes rouages & par deſſous, les plus grands fardeaux, pour les conduire à
pied d'œuvre.   Doſſe,

Dosse, grosse Planche qui sert à échafauder, vouter, qu'on pose sur les Cintres des Ponts, qu'on met pour Couchis, & en travers d'un Pont.

Dosse de bordure, est celle qui sert à retenir une forme de pavé sur un Pont de bois, qu'on appelle autrement Garde-terre ou Garde-pavé.

Douelle, c'est le parement interieur d'une Voute, & la partie courbe du dedans d'un Voussoir, qu'on appelle autrement Intrados dans l'Arche d'un Pont. Planche 19, Figure 7, 4, 6.

E

EChafaudage, c'est l'assemblage des pieces necessaires pour dresser des Echafauds, & s'échafauder, à dresser un Cintre, &c.

Echafauder, espece de plancher fait de Dosses portées sur des Trêtaux ou sur des Baliveaux & Boulins scellés dans les murs, ou étresillonnés dans les Bayes des façades, pour travailler seurement; qu'on employe différemment à l'usage des Ponts, & à la batisse des maisons. Les moindres qui sont retenus par des cordes, se nomment Echafauds volans.

Echasses d'Echafaud, grandes perches debout, nommées aussi Baliveaux, qui étant liées & antées les unes sur les autres, servent à échafauder à plusieurs étages, pour ériger les murs, faire les ravalemens, & les regratemens, qu'on appelle aussi ragrémens.

Etelon, c'est l'Epure de toute sorte d'assemblages de Charpenterie, qu'on trace sur une espece de plancher, fait de plusieurs Dosses, disposées & arrêtées pour cet effet sur le terrain d'un Chantier, & de niveau, ou bien uni. L'Etelon a pour centre un gros morceau de pieu planté en terre, qui porte en tête une fiche de fer, autour de laquelle on fait tourner un Chambranle pour marquer l'Epure & la Coupe des Vous-

K

foirs, lorſque l'Arche eſt à plein Cintre. Planche 18, Figure premiere, *E F D C.*

Eſcoperge, pieœ de bois avec une Poulie, qu'on ajoute au bec d'une Grœe, ou d'un Engin, pour luy donner plus de volée.

Ellipſe, Cintre d'une Arche ſurbaiſſée à anſe de panier, ou à moitié d'une ovale. Planche 18, Figure premie-re, *B C D F E.*

Empatement, c'eſt la plus large épaiſſeur d'une fonda-tion de piles, à ſon commencement. Planche 20, Figure 2, *A O.*

Encaiſſement, c'eſt tout ouvrage de Charpente dans lequel on coule à fond perdu de la maçonnerie, des pierres ſeches, &c. dont on revêtit une pile en for-me de Bâtardeau, ſoit avec des pals-à-planches, ſoit avec des vannes, comme la Créche, &c. Planche 23, Figure 3, *E R D, D G Q R.*

Encaſtrer, c'eſt dans le roc pratiquer un enfoncement pour y aſſeoir la premiere aſſiſe d'une Fondation.

Engin, c'eſt toute machine qui ſert en général à énle-ver, à porter, à traîner, &c. En particulier il ſigni-fie la machine d'un Foucauneau compoſé d'un arbre, de trois arcboutans, potencé en haut d'un Etourneau tournant ſur un pivot, qui ſert à monter les plus gros fardeaux, par le moyen d'un Treuil à double rang de bras. L'Engin eſt monté d'une Eſcoperge.

Entrait, pieœ de bois dans un Cintre, qui porte les arbalêtriers en décharge, & le poinçon d'une Char-pente, les potelets, &c. Planche 18, Figure 10, *E G.*

Entretoiſe, toute pieœ de Charpente qui ſert pour en-tretenir deux autres pieœs à l'uſage des Cintres & des Ponts de Charpente, des Bâtardeaux, &c.

Entrevoux; c'eſt l'eſpace vuide d'un Pont de Charpen-te, entre les poutrelles, des pieux dans les palées, &c.

Epure, c'eſt la figure d'une pieœ de trait ſur un mur, à terre, ſur un plancher, &c.

Esmiller, c'est parer une pierre avec le marteau têtu.

Etresillon, piece de bois serrée entre deux Dosses pour empêcher l'éboulement des terres dans la fouille des tranchées d'une Fondation, d'une Culée, des murs en aîle de Pont, &c.

Extrados est la curvité exterieure d'une Voute, d'une Arche, des Voussoirs d'un Pont ; & intrados celle du dedans. Planche 19, Figure 6, *A B C.* qu'on appelle autrement le Bandeau de l'Arche, & l'Archivolte, lorsqu'il est figuré suivant le Pont d'Adrien. Voyez Planche premiere.

F

FAce d'un Eperon, ou Avantbec de pile, c'est un de ses deux côtés qui le termine.

Fil de pieux est un rang de pieux quelquefois équarris & plantés dans une Riviere, pour servir de palée à un Pont, ou à autre chose, qu'on couronne d'un Chapeau ou d'un Sommier à tenons & mortoises, ou bien avec des chevilles de fer. Planche 15, voyez le plan.

Flache, est le bord d'une piece de bois qui n'est pas équarri, & où la pelure ou l'écorce a été enlevée.

Flanc d'une pile, c'est un de ses côtés qui la termine sous une Arche.

Fleches de Pont-levis ou de Baccule, ce font les deux pieces de Charpente qui font toute la longueur du Pont, au bout desquelles font attachées les chaînes pour lever le Pont, ou bien pour le supporter dans la Baccule. Planche 26, Figure 4, *A D.*

Fondation, c'est l'ouverture fouillée en terre, dans laquelle on fonde une pile ou tout autre ouvrage de maçonnerie.

Fondement, c'est la maçonnerie d'une pile, ou de tout autre ouvrage, enfermée dans la terre jusqu'au rez de Chaussée.

Fondement continu, maffif en maniere de platée, fous l'étendue de toutes les Arches d'un Pont, où l'on pratique des Cintres renverfés & des platebandes renverfées aux entrées & forties. Quelques Aqueducs, des Arcs antiques, & des Amphitheatres ont été bâtis de cette maniere, à caufe du grand poids de ces ouvrages, qui demandoient ainfi un grand empatement. Planche 15, Figure 2, *E I.*

Fondemens à piles, ceux qui font par intervalles, & en décharge, pour éviter la dépenfe, ou parce que les vuides ont trop de diftance ; ce qui fe fait par piliers ifolés ou liés avec Arcades, en tiers-point ; ou enfin par Arcades renverfées, comme dans le Fondement continu. Voyez l'Article ci-deffus.

Fonder, c'eft affeoir les fondemens d'une pile fur un terrain eftimé bon, & de confiftance, comme la roche vive, le rocher de fable, la terre naturelle qui n'a point été éventée, ou fur pilotis ou Grille, lorfque le terrain eft molaffe & fluide, tels que font la vafe, la glaife & le fable mouvant.

Fondis, efpece d'abîme où le terrain eft de très-mauvaife confiftance, caufée par des fources, &c.

Fondriere, fonds de très-mauvaife confiftance, le plus fouvent dans le fonds d'une Colline, entre deux Montagnes, de terre rapportées, & où il faut ufer de grandes précautions, lorfqu'on y veut fonder un Pont.

Frête, cercle de fer dont on arme la couronne d'un pieu, d'une pilotis, d'un pal-à-planche, pour l'empêcher d'éclater, quand on les bat au refus du Mouton. Planche 17, Figure 3, *A B.* On dit auffi frêter un pilot, comme auffi le fraper, le battre & l'enfoncer.

G.

GArdefol, c'est aux côtés d'un Pont de pierre, un petit mur à hauteur d'appui, qui luy sert de bordure, & empêche les passans de se jetter en bas.

Gardeterre, *Voyez* Dosse de bordure.

Gersure, *Voyez* Bois.

Glaise, terre-glaise, & terre-grasse, dont on se sert pour faire les Bâtardeaux, en la corroyant.

Glaiser, c'est faire un corroi de glaise bien pétrie & battuë, pour en garnir un Bâtardeau de Charpente, ou autre, &c.

Grais, roche formée de plusieurs grains de sable condensés & pétrifiés ensemble. Il y a du grais dur & du mol. La poudre de grais ne vaut rien pour faire du mortier; elle est trop grasse, la chaux n'y hape pas; elle est défendue, de même que de mêler du grais avec du moëllon. Le ciment fait prise avec le grais.

Grateminot, espece de pelle renversée, attachée au bout d'un long manche, & dont les côtés sont relevés, pour servir à creuser sous l'eau, à retirer le gravier pour unir les fondations & déblayer les Bâtardeaux.

Gravier ou gros sable, dont le meilleur est celui qu'on tire des Rivieres, & qui est tres-propre pour du mortier à blocage.

Grille, assemblage de grosses & longues pieces de bois qui se croisent quarrément, étant espacées ordinairement tant plein que vuide, & s'entretenant par des entailles à queuë d'aronde, qu'on établit de niveau sur un fond de glaise, ou tout autre terrain, qui ne doit pas être éventé par le pilotage, pour fonder dessus, comme on le pratique dans les Pays-bas, & particulierement en Hollande; & comme ont été construits par M. Blondel la Corderie de Rochefort.

K iij

& le Pont de Xaintes fur la Charente. Le Pont de Perpignan eft fondé fur un Grillage piloté, à caufe que le terrain étoit fablonneux & garni de caillotage, qu'on a enfermé avec des pals-à-planches. Voyez Planche 23, Figure 4, *V S T Y Z*.

Gruë, grande machine qui fert à monter les fardeaux. Ses pieces font l'Arbre, ou Poinçon, avec fes arc-boutans, Empatemens & Moifes, la Gruë, la Rouë, le Tambour, le Treuil, &c.

Guette, toute piece de Charpente inclinée, qui porte en décharge contre une autre, pour la foulager, comme celle qu'on met fous la liffe d'un Pont, que l'on croife fouvent avec deux Guettrons, pour for-mer une Croix de Saint-André. Planche 15, éléva-tion *L I*.

Guindal, *Voyez* Chevre.

H

HEurt, c'eft l'endroit le plus élevé, ou le fommet de la montée d'un Pont; d'après lequel on donne à droit ou à gauche la pente pour l'écoulement des eaux, lorfqu'on ne peut pas les faire aller d'un mê-me côté.

Hollandoife, machine en forme d'une grande pelle, fufpendue par une corde entre trois foliveaux croi-fés, pour fervir aux épuifemens d'une Fondation; comme elle n'éleve pas fort haut les eaux, elle n'eft pas non plus d'un grand ufage. On en fait à la main propres pour fervir à un homme feul, qu'on garnit de fer-blanc, & qui élevent l'eau à plus de trois pieds du fonds des excavations.

Hye, *Voyez* Mouton.

I

INtrados, *Voyez* Extrados.

L

LArdoire, armature du bout d'un pilot. Planche 17,
Figure 4, *Y Z Q X A*.

Larmier, c'est une retraite de maçonnerie ordinairement dans un Pont Gothique, terminée par un talud
& une saillie qui sert d'ornement à une pile, à une
façade de Pont en guise de plinte, de cordon, &c.

Levier, Barre de brin d'un jeune arbre, de six à neuf
pieds de long, propre à être maniée, qu'on entaille
par un bout en forme de coin, pour aider à lever un
gros fardeau par le moyen d'un appui, qu'on met
audessous, qu'on nomme Orgueil.

Lezarde ou Risée, c'est dans toute sorte de maçonneries
une fente causée par une mauvaise fondation.

Libage, gros moëllon plat & mal-fait, de quatre à cinq
à la voye, qu'on employe équarri à paremens bruts
dans les fondemens des piles des Ponts.

Lien, toute piece de Charpente de Pont qui porte en
décharge contre deux autres, & les lie, comme fait
celle qui assure le poteau d'appui d'une Lisse avec la
piece de Pont en saillie. Planche 15, Figure 2, *C*.

Lierne, piece de bois qui sert à entretenir les fils des
pieux d'une palée avec Boulons. Elle sert au même
usage à la construction des Bâtardeaux, qu'on appelle Longueraine, lorsqu'elle est employée à pousser
des fils de pals-à-planches. La Lierne est différente
de la Moise, en ce qu'elle n'a point d'entaille pour
accoler les pieux. Lierner c'est attacher des Liernes.
Planche 21, Figure 8, *M N G I*.

Limosinage, c'est toute maçonnerie faite de moëllon à
bain de mortier, & dressée au cordeau avec paremens bruts.

Lisse, c'est la piece & main courante qui couronne à
hauteur d'appui le Gardefol d'un Pont de bois. Lisse

K iiij

se prend aussi pour tout le Gardefol. Planche 15, Elévation *A C D B*.

Lit de Pont de bois, c'en est le plancher, composé de poutrelles, de Travons avec son couchis de Dosses. Planche 15, profil *F D E C G*.

Longueraine, *Voyez* Lierne.

Louveur, Ouvrier qui fait le trou à une pierre pour la louver, comme à un Voussoir, pour y mettre la Louve, qui est un morceau de fer avec un œil comme une main, qu'on met dans le trou du Voussoir, avec deux Louvetaux, qui sont deux coins de fer; ce qui sert à l'enlever du chantier sur le tas du Pont, pour le mettre en place, par le moyen des Engins.

M

MAchine, c'est tout ce qui sert à augmenter les forces mouvantes. Il y en a six principales, sçavoir, le Levier, le Tour, la Roüe dentée, la Poulie, la Vis, & le Coin.

Maçonnerie. Il y en a de six sortes chez les Anciens.

La premiere étoit en Echiquier ou maillée, dont les joints étoient obliques.

La seconde, des Carreaux de brique de plat, garnis de moëllons.

La troisiéme, de cailloux de montagne ou de Riviere à bain de mortier.

La quatriéme, de pierre incertaine ou rustique, comme étoient pavés les grands chemins.

La cinquiéme, de Carreaux de pierre de taille en liaison.

Et la sixiéme, de remplage, qui se faisoit par le moyen de certains encaissemens semblables aux Bâtardeaux, qu'on remplissoit de moëllons avec mortier. On bâtit à present suivant les moyens, Us & Coutumes des pays.

Madrier, gros Ais, qui sert de plateforme, qu'on attache sur des Racinaux, pour asseoir sur de la glaise, ou sur un terrain de mauvaise consistance, un mur quel que ce soit. Planche 13, Figure 3, *F G*.

Maîtresse Arche, ou Arche Avalante, celle où passent les Bateaux, dans les Ponts qui traversent des Rivieres navigables.

Moises, pieces de bois en maniere de plateformes avec entailles, lesquelles jointes ensemble par leur épaisseur avec des boulons, servent à entretenir les palées, ou les fils de pieux des Pons, & les principales pieces des Gruës, Gruaux, & autres machines. Planche 21, Figure 7, *E F*, *G H*.

Montée de Pont, c'est la hauteur qu'il y a depuis le rez de chaussée de sa Culée, jusqu'au Heurt des deux pentes de la Maîtresse Arche. Le Pont-Royal des Thuilleries a sept pieds & demi de montée sur trente-trois toises de long.

Mort-bois, *Voyez* Bois.

Mouton, c'est dans une Sonnette un bout de poutre frêté, retenu par des Clefs audevant des deux montans, & levé à force de bras. La Hye est différente du Mouton, en ce qu'elle est plus pesante, & qu'on la leve avec un Engin, par le moyen d'un Moulinet, pour la laisser ensuite tomber en lâchant la Declique.

O

ŒIL de Pont, ouverture pratiquée dans le rein des Arches, qui rend l'ouvrage plus leger, & facilite le passage aux inondations. Ces œils de Pont sont ronds, quelquefois en forme de passages. Voyez Planche 8 & 7, à l'élevation du Pont Saint-Esprit.

P

PAl-à-planche, Dosse affûtée par un bout, pour être pilotée, & entretenir une Fondation, un Bâtardeau, &c. Cet affûtement est tantôt à moitié de la planche, & tantôt en écharpe, & tout en un biais ou en un sens, pour mieux serrer les unes contre les autres ; qu'on coupe en onglet & à chanfrain, pour mieux couler dans la Rainûre les unes dans les autres entre les joints des Longueraines. Quand on les couche en long du Bâtardeau, on les appelle Vannes.

Palée, c'est un rang de pieux employés de leur grosseur, & placés assez près les uns des autres ; liernés, moisés & boulonnés de chevilles de fer, qui étant plantés suivant le fil de l'eau, servent de piles pour porter les Travées d'un Pont de bois. Planche 15, voyez le plan.

Patins ou Racinaux, pieces de bois que l'on couche sur un pilotage, & sur lesquelles on pose les plateformes pour fonder dans l'eau & ailleurs, sur un terrain de mauvaise consistance. Planche 13, Figure 4, O R, P S & H I Figure 3.

Piece de Pont, grosse solive plus épaisse qu'une Dosse, qui traverse une Travée de Pont de bois, & porte en dehors ; dans laquelle à l'endroit des Lisses on amortoise les poteaux d'appui, & les Liens pour les entretenir. Voyez Planche 15, profil F G.

Pied cube. Suivant différens materiaux sa pesanteur, Voyez Voye de pierre.

Pied-de-Roy, dont on se sert pour l'ordinaire à mesurer les ouvrages publics en France, & dont les six font la Toise. Le Pied est composé de douze Pouces, le Pouce de douze Lignes, & la Ligne de douze Parties, plûtôt que de dix, pour plus facilement en calculer la valeur dans les toisés, si la précision le demande.

Pieds antiques suivant Daviller, comparés au pied-de-Roy.

	pouc.	lign.	part.
Pied d'Alexandrie, contient	13	2	2
Pied d'Antioche,	14	11	2
Pied Arabique,	12	4	0
Pied Babylonien,	12	1	6
Selon Capellus,	14	8	6
Selon Monsieur Petit,	12	10	6
Pied Grec,	11	5	6
Selon Monsieur Perrault,	11	3	0
Pied Hebreu,	13	3	
Pied Romain selon Riccioli, & Vilalpande,	11	1	8
Selon Lucas Pætus,	10	10	6

Qui est la longueur de celui du Capitole.

Les pieds Modernes comparés au pied-de-Roy en quelques endroits de France, & Limitrophes.

	pouc.	lign.	part.
Pied d'Anvers,	10	5	
Pied d'Avignon, & de Provence,	9	2	
Pied de Besançon en Franche-Comté,	11	5	2
Pied de Cologne,	10	2	
Pied de Dole,	13	2	3
Pied de Dijon en Bourgogne,	11	7	2
Pied de Geneve,	18		4
Pied de Grenoble,	12	7	2
Pied de Liege,	10	7	6
Pied de Lyon,	12	7	2

Sept pieds & demi font la toise de Lyon.

	pouc.	lign.	part.
Pied de Lorraine,	10	9	2
Pied de Mâcon en Bourgogne,	12	4	3

Il en faut sept & demi pour la toise.

	pouc.	lign.	part.
Pied de Mayence,	11	1	$\frac{1}{}$
Pied du Rhin,	11	5	$\frac{2}{}$
Pied de Roüen,	12		3
Pied de Sedan,	10	$\frac{1}{4}$	
Pied de Strasbourg,	10	3	$\frac{1}{2}$
Pied de Vienne en Dauphiné,	11	11	

Pieux, piece de bois de Chêne, qu'on employe de leur groffeur pour faire les palées des Ponts de bois, ou qu'on équarrit pour les fils des Pieux, qui fervent à conftruire les Bâtardeaux, que l'on arme d'une Lardoire. Les Pieux font différens des Pilots, en ce qu'ils ne font jamais tout à fait enfoncés dans la terre, & que ce qui en paroît audehors eft fouvent équarri. Planche 15, O R. 12, Pieux. Dans le profil.

Pieux de garde, ou de bordage, font ceux qui font audevant d'un pilotis plus peuplés & plus haut que les autres, & recouverts d'un chapeau. On en met ordinairement audevant de la pile d'un Pont pour en empêcher le dégravoyement. Pl. 23, Fig. 1, F I A L.

Pile. C'eft un maffif de forte Maçonnerie, dont le plan eft fouvent exagone, barlong, & qui fépare & porte les Arches d'un Pont de pierre. Planche 23, Fig. 5, B D M N G E.

Pile percée, eft celle qui a audeffus de fes Avant-becs d'amont & d'aval une ouverture en forme de paffage, cintrée, pratiquée dans le rein des Arches, afin de faciliter le courant rapide des grandes eaux, comme au Pont du Saint-Efprit. *Voyez* œil de Pont.

Pilotage, c'eft dans l'eau, ou fur un terrain de mauvaife confiftance, un efpace peuplé de pilotis fur lequel on fonde. Pl. 23, Fig. 5,

Pilot & pilotis, piece de bois de Chêne, ou d'autre bois qui ne pourrit pas fous l'eau, employée de fa groffeur, affilée par un bout, quelquefois armée d'une Lardoire à quatre branches, & frètée en fa couronne d'un Cercle de fer. On nomme pilotis de bordage, ceux qui bordent, ou environnent le pilotage, & qui portent les patins, ou racinaux. Et Pilots de remplage, ceux qui garniſſent l'eſpace piloté. Il en entre 18 à 20 dans une toiſe quarrée. Le pilotis eſt différent du Pieu, en ce qu'il eſt tout à fait enfoncé dans la terre, & que partie du Pieu paroît en dehors, ou audeſſus de l'eau dans une palée.

Pilots de retenuë, ſont ceux qui ſont audehors d'une fondation, & qui ſoutiennent le terrain de mauvaiſe conſiſtance ſur lequel une pile de Pont eſt fondée. Pl. 23, Fig. 1, *F I, A L.*

Pilots de ſupport, ſont ceux ſur la tête deſquels la pile eſt ſupportée, comme dans ceux qu'on plante dans les Chambres d'un grillage. Pl. 23, Fig. 4, *O Q R P.*

Platée, eſt un maſſif de fondement, qui comprend toute l'étenduë d'un Bâtiment.

Plateformes de fondation, ſont des pieces de bois plates arrêtées avec des chevilles de fer ſur un pilotage, pour aſſeoir la maçonnerie deſſus, & poſées ſur des racinaux, ou des patins au même uſage. Pl. 13, Fig. 3, *G H.*

Poinçon. *Voyez* Aiguille.

Pointal, piece de bois miſe en œuvre, & à plomb pour ſervir d'Etaye, & ſupporter un Echafaudage.

Ponceau. Petit Pont d'un ou deux Arceaux, &c. pour paſſer un Ruiſſeau, ou un Canal. L'on en compte à Veniſe juſqu'à 350.

Pont de bois, eſt celui qui eſt fait avec palées, & travées de groſſes pieces de bois, ou avec travées ſur des piles de Maçonnerie.

Pont-levis, eſt celui qui ſe léve devant la porte d'une Ville, d'un Château, d'un Pont dormant, d'un autre flotant, &c. par le moyen des Fleches, & des Chaînes. Planche 26, Fig. 4, *A D F E.*

Pont à Fleche, eſt celui qui n'a qu'une Fleche, avec

une anfe de fer qui porte deux chaînes pour enlever un petit Pont audevant d'un Guichet. Planche 25, Figure 3, *T S R*.

Pont dormant, eft celui qui eft fixe, & qui ne bouge pas. Planche 25, Figure 2, *A I*.

Pont à Baccule, eft celui qui fe léve d'un côté, & s'abaiffe de l'autre, étant porté fur le milieu par un Effieu. Pl. 26. Fig. 1, *A B C*.

Pont à Couliffe. Pont qui fe gliffe dans œuvre, en traverfant un foffé, comme à Saint Germain en Laye. Pl. 24, Fig. 7 & 8, *H G*. & *A D*.

Pont tournant. Celui qui tourne fur un Pivot. Pl. 26, Fig. 3, *D E L M*.

Pont Aqueduc. Celui qui porte un Canal, une conduite d'eau. Pl. 22, Fig. 1, 2 & 7.

Pont volant. Celui qui eft fait d'un, ou de deux bateaux joints enfemble par un plancher, entouré d'une baluftrade, ou gardefol, avec un, ou plufieurs Mâts, où eft attaché par un bout un long cable, porté de diftance en diftance fur des petits bateaux jufqu'à une Anchre, où l'autre bout eft arrêté au milieu d'une Riviere. En forte que ce Pont fe meut comme une pendule d'un côté de la Riviere à l'autre, par le moyen d'un gouvernail feulement. Il fe fait quelquefois à deux étages pour paffer plus de monde, ou de la Cavalerie & de l'Infanterie en même temps. Pl. 24, Fig. 1, *O P Q*. On appelle encore Pont volant, tout bac qui paffe d'un bord de Riviere à l'autre, par le moyen d'une Grenouillette, & d'un Tourniquet. Pl. 24, Figure 4, *A B T Z X*, & Fig. 3.

Pont flotant. Eft celui qui eft fait de pontons de Cuivre, de bateaux ordinaires, de bateaux de Cuir, de Tonneaux, ou de poutres creufes qu'on jette fur une Riviere, & qu'on couvre de planches pour faire paffer promptement une Armée. Pl. 24, Figure 2, *A B*.

Poutrelle. C'est dans un Pont de Charpente la piece
de bois en guise de solive, qui supporte le Couchis.
Pl. 23, Fig. 4, *D D*.

Poteau d'appui, est celui dans un Pont de bois qui porte sur la piece de Pont qui supporte les lisses, & qui
est entretenu par des Liens, & des Guettes. Pl. 23,
Fig. 4, *S V*.

Poteau montant. C'est dans la construction d'un Pont
de bois, une piece retenuë à plomb par deux Contrefiches audessous du lit du Pont, & par deux décharges audessus du pavé, pour entretenir les lisses.

Potelets. Petit poteaux, sur lesquels portent les lisses
d'un Pont de bois. Pl. 15. Elevation, *C & D*.

Puits à rouë, Machine qui sert à enlever les eaux d'une
fondation, composée de différentes rouës, dont l'u-
ne enléve avec des godets les eaux des fondations,
& l'autre la fait tourner par le moyen d'un arbre,
& d'un long bras, où l'on attéle un cheval. Les puits
à rouë, occupent un trop grand espace pour pouvoir être employés en toute sorte de fondations.

R

R Acinaux. Piece de bois, comme des bouts de solives, ou plus plattes, & plus larges qu'épaisses,
arrêtées sur des pilotis, sur lesquelles on pose les
madriers, ou plateformes, pour porter les fondations dans les lieux de mauvaise consistance. Pl. 22,
Fig. 2, *I G*.

Racinaux de Gruë, pieces de bois croisées qui font
l'empatement d'une gruë, dans lesquelles sont assemblées, l'Arbre, & les Arcboutans.

Radelier, & Rager en d'autres endroits des Pyrenées,
homme qui conduit les Radeaux de toute sorte de
bois.

Radier. C'est l'ouverture, & l'espace entre les piles,

& les Culées du Pont, qu'on nomme autrement, Bayes, & le bas Radier.

Reins de l'Arche d'un Pont, c'eſt la Maçonnerie de moëllons, qui remplit l'Extrados de l'Arche juſqu'à ſon couronnement, où l'on peut ménager des Caves, & d'autres petits eſpaces pour ſoulager la pile.

Remplage, ſe dit du milieu, & de tout le gros du maſſif d'une Maçonnerie de fondation, du corps d'une pile, &c.

Repere. Marque certaine en un endroit fixe & déterminé, par laquelle on peut connoître les différentes hauteurs des fondations, qu'on eſt obligé de couvrir. L'Ingénieur, ou celui qui les fait faire en doit rapporter le Profil, & les reſſauts & retraites, s'il y en a; & y laiſſer même des ſondes pour les juſtifier, s'il le faut, lors d'une vérification.

Reſeper. C'eſt couper avec la coignée, ou avec la Scie, la tête d'un pieu ou d'un pilot qui refuſe le Mouton, parce qu'il a trouvé de la Roche, & qu'il faut mettre de niveau.

Retombée. C'eſt chaque aſſiſe de pierre en vouſſoir qu'on érige ſur la premiere, qu'on appelle Couſſinet d'une Arche qui en forme la naiſſance, & qui par leur poſe peuvent ſubſiſter ſans Cintre. Pl. 19, Figures 6 & 8.

Riſée. *Voyez* Lezarde.

Rouleau, groſſe piece de bois arondie en Cylindre, qui ſert à porter, & à conduire les plus peſans fardeaux, qu'on fait tourner bien ſouvent avec des Barres & Leviers.

S

S Abot & Lardoire, c'eſt la même choſe, armature de fer dont on ſe ſert pour armer la pointe d'un pilot. *Voyez* Lardoire.

Semelle

Semelle d'Etaye, piece de bois couchée à plat fous le
pied d'une Etaye d'un chevalement, ou d'un pointal,
pour fervir à affurer le pied d'un Echafaudage.

Singe. Machine compofée d'un treüil qui tourne par
des manivelles, autour de deux folives en forme
de Croix de Saint André, & qui fert à enlever de
gros fardeaux.

Sommier. *Voyez* Travon.

Sonder un terrain, c'eft avec une Sonde en chercher la
profondeur. Cette Sonde eft faite en forme de groffe
Tariere, dont les bras de fer de trois pieds de long
chacun, s'emboîtent l'un à l'autre avec des Clavettes. Quelque bon que paroiffe un terrain, on ne doit
pas fonder deffus qu'après l'avoir bien fondé. Pl. 21,
Fig. 5, *A B H.*

Sous-poutre, piece de bois fous les poutrelles d'un
Pont. *Xoyez* I. Pl. 15.

T

TAblette. C'eft l'amortiffement en pierre de taille
d'un Gardefol de Pont, difpofé de plat, & non
arondi, ni à deux pentes audeffus, qu'on nomme-
roit pour lors Bahu. Pl. 22, Fig. 9, *X A V.*

Tariere. *Voyez* Planche 21, Figure 4, *A F*, & Sonde.

Tour, & Vindas, Machines qui amenent de gros fardeaux en tournant. Le Tour eft différent du Vindas,
en ce que celui-ci tourne verticalement, & le Vindas orizontalement. *Voyez* Cabeftan.

Tourillon. C'eft toute groffe cheville de fer qui fert
d'Effieu à toute chofe qui tourne, comme à un
Pont-levis, &c.

Travée de Pont, c'eft une partie du plancher d'un Pont
de bois contenuë entre deux fils de Pieux, & faite
de poutrelles, foulagées quelquefois par des Liens,
& Contréfiches, dont les entrevoux font recouverts.

L

de grosses Dosses ou Madriers, pour porter le couchis. Pl. 23, Fig. 4, *CB.*

Travons, ou Sommiers, ce sont dans un Pont de bois, les maîtresses pieces qui en traversent la largeur, autant pour porter les travées des poutrelles, que pour servir de chapeau aux fils des Pieux, qui forment la palée. Pl. 15, Profil. *L.*

V

Vanne, sont les Dosses, dont on se sert pour arrêter les terres à un Bâtardeau, derriere la Culée d'un Pont de bois. Pl. 15, Fig. 2, *Q R.*

Verrin. Machine composée de deux Vis qui sert à élever des gros fardeaux.

Vindas. *Voyez* Cabestan.

Vis sans fin, Machine qu'on prétend avoir été inventée par Archimede, pour épuiser les eaux d'une fondation, & dont le corps Cylindrique a une cannelure vuide en dedans, par ou montent les eaux en tournant.

Voussoirs, ou Coins, ce sont les principales & plus grosses pierres qui forment l'Arche d'un Pont, & son bandeau, qui a à peu près la forme d'un coin. Il y en a qui sont à teste égale, & d'autres à teste inégale, comme les Carreaux, & les boutisses pour faire liaison. Les Voussoirs tous semblables servent à faire des Arches extradossées. Les Voussoirs à Crossettes, sont ceux qui retournent par en haut, pour faire liaison avec une assise de niveau, & de face. Pl. 19, Fig. 6, 1, 2, 3, &c.

Voye de pierre, c'est une charetée d'un ou de plusieurs quartiers de pierre qui doit porter au moins 15 pieds cubes. Et le pied cube pese pour l'ordinaire 165 livres.

Il y en a qui pesent l'un plus que l'autre, suivant les

differentes Carrieres, & dont les grains sont plus
resserrés les uns que les autres.

Le Marbre pese	253
La Brique	130
La Tuille	127
L'Ardoise	156
La Terre	95
Le Sable	132
La Chaux	59
L'Eau	72
Le Bois de Chêne	60

Il n'y a point de régle sans exception, & l'on trouve
des unes & des autres matieres de différentes especes cydessus, qui pesent plus les unes que les
autres.

CHAPITRE XXIX.

Explication des Figures.

LEs Planches 1re, 2e, 3e, 4e, 5e & 6e, répré-
sentent divers Ponts des Romains qu'on a
rapportés dans le premier Chapitre de cet
Ouvrage, où l'on peut voir leur explication.

Planche septiéme.

Represente, 1°, le Pont de la Guillotiére, sur le
Rône à Lyon, dans lequel on peut remarquer les
Tours qu'on y a construites dessus pour en défendre le
passage, en cas de besoin, avec les reparations qu'on
a faites au pied des piles de ces Tours, & à celles des
Arches qui sont tout auprès, que le Rône dégravoyoit

autrefois, & dont le deſſus des Créches eſt couvert d'un Talud de Dales à joints recouverts, & que nous rapportons ailleurs, devoir être mieux ſi on les fait de niveau.

2°, Le Pont-Royal des Thuilleries ſur la Seine à Paris, qui eſt tout uni, & ſans ornemens, & où l'on voit que pour la ſolidité de cet ouvrage, on a pouſſé les queuës des Vouſſoirs, ſur environ un tiers audeſſus, & vers le milieu des Arches.

En ſorte que comme la Clef eſt l'endroit où il y a le plus à craindre dans la pouſſée du Pont, les Vouſſoirs augmentent auſſi plus dans cet endroit qu'en tout autre, plus ils en approchent, & plus ils vont atteindre près de l'Aïre du pavé ; & dont les Vouſſoirs ont comme des retours à Croſſettes.

3°, Le Pont du Saint-Eſprit ſur le Rône, & ſur lequel on voit également des Tours qu'on a élevées deſſus quelques-unes de ſes piles pour en défendre le paſſage. L'on y remarque encore les paſſages qu'on a pratiqués dans les reins des Arches, afin d'en alleger la Maçonnerie. Et enfin, on y remarque encore les reparations des piles, qui ſe fait avec de grands cartiers de pierres qui font toute l'épaiſſeur des Arches, & qui débordent dans les Arches, & autour des Avant-becs.

Planche huitiéme.

Repreſente l'Elevation du Pont de Touloufe du côté d'aval, qui a cent toiſes de long, & les piles de 4 toiſes de large, des œils de Pont, une Corniche pour entablement, les Vouſſoirs en têtes de pierre de taille avec des Cornes de Vache, qui par leur coupe en chanfrain, facilitent aux inondations le paſſage des arbres ſous les Arches, & les empêchent de s'écorner. Le dedans des Arches avec pluſieurs Chênes auſſi de pierres de tailles, & le reſtant du parement de brique.

Planche neuviéme.

Représente une partie du Pont-Neuf de Paris, avec le plan de ses Cornes de Vache, qui anticipent sur partie des Avant-becs qu'on a monté en tourelles pour y pratiquer des loges, si l'on vouloit, le tout décoré d'un fort bel entablement, avec des Consolles qui font un tres bel effet à tout l'ouvrage.

Planche dixiéme.

Représente une partie du Pont de Londres, dont on peut voir la description à la fin du Chapitre premier, & qui est presque tout garni audessus, des maisons que je n'ay pas voulu dessiner sur ce morceau d'élevation, afin de ne rendre pas la chose confuse. L'on y voit les hautes & basses marées, qui dévoient donner des soins inconcevables à ceux qui le firent fonder. Et le projet d'un pareil ouvrage, avec l'ordre qu'il y a à observer pour l'établir, est un des faits des plus habiles Architectes.

Planche onziéme.

La Figure premiere represente le Pont Rialte de Venise, duquel il est parlé à la fin du Chapitre premier.

La Figure 2e, represente un Pont de Charpente dont le dessein m'a été donné. De même que celui de la Fig. 3e, Voyez le Chapitre 23e.

Planche douziéme.

La Figure 1re, 2e, 3e & 4e, representent 4 Ponts de Charpente supportés par des piles de maçonnerie, & dont la travée porte sur toute la largeur de la Riviere, du dessein de Palladio. Voyez le Chapitre 1er & 23e.

Planche treiziéme.

La Figure 1re, représente le profil, & l'élevation d'un Pont de Charpente construit sur des piles de Maçonnerie, de l'invention de Mathurin Jousse, à deux étages. Le plus bas *Y*, dans l'élevation pour faire passer la Cavalerie, où l'on voit les Cavaliers de côté, & de front en *X*, dans le profil. Le deuxiéme en *A* & *Z*, où l'on voit l'Infanterie de même passer de côté, & de front dans les deux desseins particuliers. Au surplus on voit encore la disposition de la Charpente, à laquelle on peut ajoûter ou diminuer suivant l'Art, & suivant les dispositions des lieux. L'on peut remarquer encore que *D E*, doit être la hauteur des plus hautes inondations, pour mettre à l'abri la Charpente de tout l'ouvrage qui est couverte d'une toiture de planches à deux égoûts, & toûjours la plus legere qu'on peut. Ce qui conserve l'ouvrage pendant des siecles entiers, tant que l'humidité ne pénétre pas les bois.

La Figure deuxiéme a été expliquée dans le Chapitre premier.

La Figure 3e, représente en profil une fondation *T*, sur trois pilots *M L K*, avec des racinaux audessus chevillés sur la tête des pilots, & des plateformes après en long, & audessus aussi chevillées en *I F*, sur lesquelles enfin, on établit la Maçonnerie *T*.

La Figure 4e, représente le plan de la même fondation, dont la largeur est déterminée par trois pilots *R V O*, ponctués, & couverts de racinaux *R O*, ou *S P*, ponctués, & de dosses pour plateformes en long *S R*, &c. qui achevent de remplir la largeur de la fondation, en portant sur les racinaux, où l'on les cheville.

Planche quatorziéme.

Représente la Figure du Pont de Cæsar sur le Rhin,

suivant la pensée de Palladio, où l'on voit le courant
de ce Fleuve, selon la disposition de la Fleche, &
comme le tout est expliqué plus au long dans le Chapitre 24°.

Planche quinziéme.

Représente en profil une palée de Pont de Charpente
ordinaire, dans laquelle on voit que les pilots sont
plantés depuis la superficie des plus basses eaux *O R*, en
X V, qui est le fond des eaux, & en *Z Y*, qui est le
fonds du gravier, & où commence le roc, ou un fond
de consistance qui n'a jamais été remué par la Riviere.

Cette palée represente encore les moises *O Q*, pla-
cées aux plus basses eaux de la Riviere, & qui assurent
le pied de l'ouvrage aussi bas qu'il est permis à l'homme de le faire ; par d'autres Moises *N M*, & enfin,
par des Liernes si l'on veut *O P*, *P Q*, qu'on peut réduire aussi en Moises si l'on veut.

Cette palée est contregardée par deux pilots de défense qui sont ceux à ses extrémités qui portent l'ouvrage de biais, & en décharge. Elle est encore contregardée par un Brise-glace, composé 1°, de trois pilots
Q R, 2°, coëffés d'un chapeau *S R*, talussé, afin de parer le heurtement des Arbres, & des glaces en biai-
sant, 3°, & enfin, de plusieurs Moises audessous qui
les entretiennent avec le corps de la palée.

Le plan de toute la palée est marqué audessous par un
fil de pieux avec celui des Moises.

La palée est couronnée,

1°, Par un gros sommier *E*.

2°, Par 7 renforts, ou sous-poutres, qui entretiennent 7 poutrelles audessus en *H*.

3°, Et sur celles-ci les dosses, & les pieces de Pont
F G.

4°, Qui portent les poteaux d'appui *B D A C*.

5°, Avec les Liens *B F A G*.

6°, Et enfin un pavé *D E C*, à deux revers, avec un Ruisseau au milieu *E*, & un couchis de sable audessous d'environ 6 pouces,

Dans l'élevation de cette même palée on y voit,

1°, Le premier pilot de défense *L Z*.

2°, Les trois moises *M N O*.

3°, Les Contrefiches à deux rangs *Q M P N*, qu'on ne peut pas voir dans le profil.

4°, Les Chantignolles *R S*, qui soulagent les Moises, & qui les assurent par une petite entaille dans le pieu de la palée.

5°, Le sommier *L*.

6°, La sous poutre *I*.

7°, La poutrelle *H*, qui forme le premier cours d'aval ou d'amont l'eau.

8°, Les dosses *G*, dans le rang desquelles sont les pieces de Pont, & ausquelles sont amortoisés les poteaux d'appui *A B*, & entre lesquelles sont les bordures, qu'on appelle en certains endroits Gardeterre *H*, & audessus la lisse *A B*, audessous de laquelle sont les potelets, & entretoises *D C*, avec les Guettes *L*, ou les Croix de Saint André *I*, composée d'une Guette ou de deux Guettrons.

La Figure premiere, represente en un plus grand volume,

1°, Une partie d'un pieu *C E*.

2°, Les Chantignolles *E F*, assurées avec des fiches.

3°, Les Moises audessus.

4°, Les Contrefiches sur les Moises, qui prennent bien souvent sur le corps des pieux.

5°, Et enfin des Moises audessus avec leurs Boulons *A B*, dont la tête est en *A*, qu'on clavette en *B*, mais afin d'éviter que quelques personnes mal intentionnées ne démontent ces boulons, ce qui affoiblit beaucoup la palée, j'ay pensé pour les en empêcher, de percer le boulon *A B*, en *C D*, afin de passer dans son trou une clavette à pointe, & tête perduë, *C D* traversant le corps de la Moise, que l'on ne peut plus enlever après, sans des précautions extraordinaires.

La Figure 2ᵉ, représente,

1°, Une culée de ce même Pont adossée sur un bord de la Riviere *P O*.

2°, La superficie des plus basses eaux *N M*.

3°, La superficie des plus hautes inondations *L I*.

4°, Un pilot de culée *M R*.

5°, Les dosses en Vanne *Q R*, pour remplir le remblai des terres *Q O T*, qui doivent supporter le couchis de sable, & la forme de pavé *T S*.

6°, Le sommier *I Q*.

7°, La sous-poutre *H I*.

8°, La poutrelle *G*.

9°, Les dosses ou le couchis du Pont *F T*.

10°, La bordure, *E*, ou le gardererre, qui n'a qu'une dosse, ou madrier de 12 à 15 pouces de large, & de 5 à 6 pouces d'épais qu'on pose de champ.

11°, Les entretoises *D*, des Lisses.

12°, Une Guette *C*.

13°, La Lisse *B*.

14°, Le poteau d'appui *A*.

Planche seizième.

Représente le profil & l'élevation du Pont de Bellecour sur la Saone.

On voit au bas de l'élevation le plan de la palée à double rang, qu'on a réduit en petit, avec celui des Moises.

Dans l'élevation on voit les deux pieux à double rang de la palée *N M*, & le couronnement audessus à l'ordinaire, & dont la lisse est faite différemment de bien d'autres endroits sans décharges, sans Croix de Saint

André, & fans Guettes, & Guettrons, mais feulement
avec des entretoifes à deux rangs, ou double, & triple
cours de liffes, chaque poteau d'appui affuré par des
Liens, comme on le voit dans le profil en *A* & *B*, tout
le Pont garni feulement de doffes, la double palée moi-
fée & liernée, battue à refus du Mouton jufqu'au fond
de confiftance *I K*, traverfant le gravier *H K* de cinq à
fix pieds, & la profondeur de l'eau *F H* audeffus, &
dont *E F* marque le niveau, lorfqu'elles font les plus
baffes, & *C D*, lorfqu'elles font les plus hautes.

D C, marque l'avance de l'Avant-bec d'Amont hors
du Pont, terminé en pointe, pour fervir de Brife-gla-
ces, qu'on revêt de planches, afin que les branches &
les racines des arbres lors des inondations, ne s'y arrêtent pas en s'entrelaçant dans les jours des pieux. On
planchoye de même tous les dehors de la Palée à la même fin.

La Figure 1re reprefente le plan d'un pilot anté à deux
& trois pieds de hauteur, en forte que fi les Abouts
des deux pieux font ainfi entaillés, comme porte la Figure *A B C D*, bien quarrément à un & deux pieds de
hauteur, un pieu s'amortoifera l'un à l'autre, de maniere qu'il ne pourra s'écarter en aucun fens.

On fe fert de l'antement des pilots, lorfque les bois
n'ont pas affez de portée; comme au Pont de Saint Vin-
cent de Lyon fur la Saone, où les eaux, par exemple *E*
G, dans le profil Figure 16, ont 20 pieds de hauteur,
& *G I* 10 pieds; ce qui reftera audeffus de *E*, n'aura
plus que 10 pieds, fuppofé que le pilot planté n'en ait
que 40; & cela eft même rare de trouver plufieurs pieux
ou pilots de cette longueur, également bien proportionnés; de forte que reftant environ 10 pieds audeffus
de *E*, où font les plus baffes eaux, on fait à cet About
de dix pieds l'entaille en croix *A B C D*, Figure premiere, ou l'entaille par le milieu *E F*, Figure 2, & dont
l'antement eft figuré par l'élevation de la Figure 3, en

G H, assuré par un Boulon de fer claveté en *H*, ou bien cerclé par un Etrier.

Quand les pilots sont gâtés par succession de temps, à l'endroit des plus basses eaux *E F* dans le profil, on se sert de la Figure 4, pour les anter, en les coupant en plein & de niveau; en sorte que la moise *N M*, les entretienne au milieu de leur coupe, ce qui leur sert d'Etrier & de Lien.

Les pilots dépérissent plûtôt à l'endroit des plus basses eaux, & un peu audessus, qu'en tout autre endroit de la palée, à cause que les eaux des Rivieres augmentent ou diminuent sans cesse dans ces endroits-là par les pluyes ou par la secheresse; & ce changement de flux & reflux échauffe si fort la Charpente de la palée dans cet espace, que les pilots en sont plus usés qu'en tout autre endroit.

Quand enfin les pilots de 30 à 40 pieds de long, ont échauffé la palée depuis *E* en *I*, dans le profil, on ante les autres sur ceux-ci depuis *E F*, jusqu'à *D C*, & audessus; qui sont entretenus par des Moises, des Liernes, des Entretoises & des Revétissemens; en sorte que le tout ne fait ensuite qu'un même corps; & l'on ne fait ainsi les palées doubles & triples, que par rapport à la profondeur de l'eau, où une seule palée seroit trop foible & vacilleroit, si elle n'étoit soutenue par plusieurs à côté, qui toutes ensemble l'entretiennent & se lient infiniment mieux, pour resister davantage aux inondations, & à tout ce qui pourroit les ébranler.

Planche dixseptiéme.

Elle represente l'élevation du Pont Saint-Vincent de Lyon sur la Saone, qui a deux Travées semblables à celle *C B*, de 12 toises, & une de 15 toises ou environ; les palées *F G H*, de plusieurs fils de pieux recouverts de planches *E D*, pour être contregardés. La ligne ponctuée audeſſus marque la hauteur des plus hautes inondations. On voit à ce Pont de Charpente les Tra-vées différentes, comme d'une plus grande portée, & ainſi compoſées différemment, qu'on peut couvrir pour mieux en conſerver la Charpente. La ſeule Figure du deſſein fait mieux comprendre les pieces dont tout l'Ou-vrage eſt compoſé, que tous les diſcours qu'on pourroit tenir ſur ce ſujet.

La premiere Figure repreſente l'élevation d'une Tra-vée de Pont, qu'on peut faire de 22 à 25 toiſes d'ouver-ture D C, tant du plus que du moins, avec des pieces de bois C A, D B, &c. de cinq à ſix pieds de long; qu'on moiſe plus ou moins, ſuivant l'effort plus ou moins grand qu'on veut leur faire faire; & qu'on lierne en travers, comme il eſt repreſenté dans le profil en P Q, N O, &c. qu'on établit ſur des Plateformes & ſur des Sablieres S R, qui conviennent aux Culées C D, ſur leſquelles ce Pont eſt ſupporté. On peut armer un Pont de pluſieurs Cintres ainſi aſſurés, d'une largeur de Tra-vées extraordinaire; & ſur une Riviere où l'on ne ſçau-roit pratiquer aucune Palée au milieu, par les difficul-tés qui s'y rencontrent; comme lorſqu'elle eſt extrême-ment encaiſſée. Auſſi l'on voit que ce Pont eſt de 60 à 70 pieds élevé audeſſus du Chaperon des Piles, que l'on peut monter depuis D juſqu'à M, qui eſt l'Aire du Pont; où bien que l'on peut tenir plus bas, en ne le cintrant qu'à la hauteur B A. Ce Pont eſt couvert de Charpente, comme le repreſente le profil I L de la Figure deuxiéme. Le plan des Piles eſt marqué par E F & G, qu'on peut ſuppoſer comme adoſſées à des murs ou aux bords eſcarpés d'une Riviere. E F, la ſuperficie des baſſes eaux; & C D, celle des inondations. Je propoſe cet exemple pour ſervir de projet à des ou-vrages à peu près ſemblables, & qui ſeront d'une conſ-truction infiniment plus forte que toute celle des au-tres Ponts de Charpente, que j'aye produit juſqu'ici;

une feule Travée d'une feule Poutrelle ; qu'on peut renforcer plus ou moins , fuivant qu'on y employera plus
ou moins de Pieces paralleles *D B* , *C A* , &c. qui arcboutent le Cintre de la Travée , qui fera à deux, trois
& quatre cours , fuivant l'ufage qu'on en voudra faire.
MI dans l'élevation & dans le profil, marquent la hauteur du paffage du Pont recouvert de la toiture *I L*.

La Figure troifiéme reprefente la tête d'un pieu *C B* ,
affûté à la Couronne , pour recevoir une Frête de fer
B A , afin de l'empêcher d'éclater fous le coup de la
Sonnette.

La Figure quatriéme reprefente en un plus grand
volume le bout d'un pieu armé de fa Lardoire *A Z V Y*,
& *Q* , de laquelle on tronque la pointe *Z X* & *Y* , comme inutile, à caufe qu'elle eft trop foible, & qui s'é-
moufferoit à la rencontre d'un gros caillou , & que
l'on réduit en forme de grain d'orge ou de pointe de
diamant en *Z V Y* , pour avoir plus de prife fur tout
ce qu'elle rencontre ; étant certain que l'angle *Z V Y*,
moins aigu que celui de *Z X Y* , a plus de force à refifter
à tout ce que la Lardoire rencontre. On épargne même
le poids du fer. La Lardoire a pour l'ordinaire quatre
aîles ou quatre branches, une à chaque face du bout du
pilot qu'on a ainfi affûté ; comme *A Z* , *Q Y* , en profil,
& *X* en face avec quatre à cinq trous à chacune,
pour y mettre des cloux de barque. Le bout du pilot
affûté doit être tronqué en *Z Y* , pour porter à plomb
& de plat dans le fond de la Lardoire environ trois à
quatre pouces ; ce qui fait que le bout du pilot ne fe refoule fitôt dans le corps de la Lardoire , en écartant les
Aîles , & en les ruinant par la pefanteur des coups avec
lefquels on l'enfonce. C'eft là une précaution à prendre
dans le modele qu'on en fera pour envoyer aux Forges,
ou aux Martinets , où l'on travaille pour l'ordinaire à
cette forte de ferronnerie. Les Lardoires font depuis 5
jufqu'à 20 livres , fuivant la groffeur des pilots ou des

pieux, & des lieux plus ou moins difficiles à penétrer.
On en fait auffi pour les Pals-à-planches, qui font fort
rétreffies, & fuivant la coupe de leur Fuft.

Planche Dixhuitiéme.

J'ay déja rapporté dans le Chapitre 15, tous les Cintres de cette Planche. Je vais faire feulement remarquer dans la Figure premiere, qui eft une Ellipfe du
deffein de Mathurin Jouffe, & dans toutes les autres
Ellipfes, les Vouffoirs dont on doit conftruire les Ponts
ainfi furbaiffés, qui doivent être proportionnés felon le
plus grand rayon dont on fe fert pour tracer la partie de
l'Epure qui a le plus de portée, & non pas felon le demi diametre de l'Ellipfe. Ainfi dans l'Ellipfe Figure premiere, le demi diametre CL étant de neuf toifes, pouvant former une Arche de 18 toifes d'ouverture, on
doit fuppofer cette Arche comme ayant 22 toifes, à
caufe que DE eft tracé par le rayon AE, qui a 11 toifes.
Ainfi au lieu de quatre pieds qu'on donneroit, par exemple, aux Vouffoirs, à caufe de 18 toifes d'ouverture que
peut avoir l'Arche, on doit leur en donner quelque
chofe de plus, à proportion de 22 toifes que l'Arche por-
teroit, comme faifant partie d'un arc DE, dont le
rayon eft de 11 toifes. Ainfi l'Ellipfe Figure premiere,
qui n'eft que de 18 toifes, fait autant d'effort comme
fi c'étoit une Arche à plein Cintre de 22 toifes.

Dans la feconde Figure, il n'y a rien de particulier
à obferver, non plus que dans la troifiéme, chacune
faifant un plein Cintre de 18 toifes d'ouverture; je ferai feulement remarquer dans la troifiéme, que pour
épargner de la Charpente dans les Cintres, on peut faire
fortir des Vouffoirs en Confolles ou Corbeaux VX,
pour les fupporter à certaine hauteur de la retombée,
plûtôt que de la commencer à la naiffance de l'Arche,
& de faire des troux de Boulin. On peut laiffer encore

fur la façade du Pont, vis-à-vis les reins des Arches, des
pierres en faillie *B C*, pour fervir à s'échafauder, afin
de pofer les Cintres des Arches, en rallongeant les
Echafauds en *B*; & enfin, que les Voufloirs n'étant,
par exemple, que de quatre pieds de queuë à la naiffance du Cintre *Z Y*, & jufqu'audeffus de la retombée,
doivent être plus longs, plus ils approcheront de la
Clef *C*, fuivant la ligne ponctuée *C E B*, qui commen-
cera à la retombée *B*, ou bien à la naiffance du Cintre;
ou, par exemple, devant avoir huit pieds en *M O*,
ils auront cette portée, ainfi rallongés en coupe, ou en
plufieurs parties, s'il n'eft pas poffible de les avoir de
même tout d'une piece jufqu'à l'Aire du Pont en *O*, à
moins que l'on n'eût les Carrieres fort près, & la pierre
de taille commodément.

Les Figures 4, 5, 6, 7, 8, & 9, ont été rapportées
dans le Chapitre quinziéme, aufquelles je n'ay rien à
ajouter.

La Figure dixiéme reprefente la maniere dont les
pieces de Charpente des Cintres qui portent en décharge, doivent être amortoifées. Ainfi *F G* étant un Entrait, & *D Y* un Arbalêtrier, on doit faire l'entaille
D E quarrément fur *D Y*, & la mortoife *E F* dans la
piece *F G* par embrevement.

La Figure onziéme marque une partie d'un Entrait
E F, & partie d'un Poinçon *B D*, dont le bout *E* s'a-
mortoife par un Tenon dans l'entrait, en forte qu'il ne
doit qu'y être entretenu, fans que le gros du bois du
Poinçon *D B*, touche fur celui de l'Entrait *E F* d'un à
deux pouces.

Planche dixneuviéme.

La premiere Figure reprefente une Poutre armée
E C G, par deux autres Poutres en décharge *A D*, *A F*,
fuivant le deffein de Mathurin Jouffe.

Il donne encore une autre maniere , Figure seconde, plus forte par plusieurs Redans M , L , K , en soulageant la Poutre qui est audessous , par deux autres audessus , qui se joignent en H.

Enfin , il donne encore la troisiéme maniere , Figure troisiéme , en armant la Poutre QR , par trois décharges PO , ON , & NN.

La Figure quatriéme represente la maniere d'aujourd'hui , par le moyen de laquelle on a rencheri sur cet Auteur , en unissant parfaitement bien la Poutre armée YX ; en sorte qu'il ne paroît pas qu'elle ait été entaillée en YDB , & accollée par TS en TCA. Il en est de même de l'autre piece SV.

Les Figures cinquiéme & sixiéme , representent les Voussoirs d'une Arche , & leurs noms , sçavoir :

1, Est le Coussinet ou premier Voussoir , où commence la naissance du Cintre.

2, 2, 2, &c. Voussoirs de tête dans un Pont , & Clavaux dans une Voûte.

3, La Clef où l'on met pour l'ordinaire les Armes de celui à qui appartient le Pont , & qui le fait construire.

ABC , L'Extrados.

6, 8, 9, L'Intrados & Douelle.

5, 6, Lit de Douelle.

6 & 1, Joint de face ou de tête.

5 & 7, Joint de Douelle.

A, 2, 8, Hauteur de la retombée.

Figure septiéme represente l'Empatement d'une fondation , à laquelle on donne LH , le quart de la hauteur LM , lorsque le fond LD , est de consistance ; & au contraire , quand c'est un fond douteux , on donne le tiers ou la moitié LI , de la hauteur LM , avec des Retraites CE , à proportion de la grandeur de l'Empatement.

DIVERS ASSEMBLAGES.

Figure 8, Assemblage à Tenons & simples Mortoises.

Figure

Figure 9 , à doubles Tenons & doubles Mortoifes.

Figure 10 , Tenon à mordant.

Figure 11 , Tenons à renfort.

Figure 12 , Tenon & Mortoife avec enbrevement & à hoche.

Figure 13 , Tenon & Mortoife à bout de Lien.

Figure 14 , Tenon & Mortoife tournice.

Figure 15 , Tenon à épaulement.

Planche vingtiéme.

Elle reprefente le Plan d'une fondation à Grillage, avec fes pilots de remplage, 1 , 2 , 3 , 4 , jufqu'au nombre de 41 , avec fes pilots de bordage à rainûre & pals-à-planches , depuis n° 42 jufqu'à 76 inclufivement. Ce Grillage en fondation eft plus ou moins long & large , plus la fondation a d'Empatement.

On remarquera que chaque chambre de Grillage eft garnie de deux pilots pour l'ordinaire diagonalement oppofés , que l'on peuple plus ou moins , fuivant le bon ou mauvais fond qu'on rencontre. Ce pilotage de remplage eft diftribué en forte que l'on y voit l'ordre qu'il faut obferver pour battre les pilots , en commençant par le centre n° 1, & fuivant le rang des chiffres, jufqu'à n° 76 ; au lieu que fi on commençoit en retrogradant , il ne feroit pas permis de difpofer des pilots de remplage en fondation , fi on avoit commencé par ceux de bordage , comme on l'a démontré auparavant.

La Figure feconde fait voir en un plus grand volume, un pieu de bordage , comment il eft difpofé avec fa Lardoire ou Sabot E , fa Rainûre $C D$, pour recevoir la Pal-à planche , les Longüeraines & Liernes $C A$, dont on coëffe la tête des pilots qu'on boulonne en $A B$, & qu'on clavette en B , en dedans de l'ouvrage , & jamais en dehors.

La Figure troifiéme fait voir encore plus précifément

M

l'armature en tête de ces pilots liernés , & dont les Longueraines & les Liernes *F E* , *L G* , sont encastrées à côté & dans la tête des pilots, boulonnées en *L I*, clavetées en *I E* , avec des Pals-à-planches à leur entre-deux *M N* , & dont l'espace entre les Longueraines & les Pals-à-planches *M N*, est seulement , ou doit être de la largeur des Rainûres desdits pilots , afin d'être tenues en raison, comme represente la seconde Figure, & que les têtes des Boulons & les Clavettes doivent être frêtées , & assurées près à près des Liernes.

La Figure quatriéme represente en élevation l'Avant-bec d'une pile fondée sur le Grillage precedent, avec ses pilots de bordage & pals-à-planches , dans laquelle on voit que tous les pilots portent sur un fond de con-sistance , comme sur un roc en *Q* , que la Riviere n'a encore pû creuser plus bas , & que ce même pilot *P Q*, a percé le lit de gravier *P Q* , sur lequel on a posé le Grillage *P O*. Les pilots de bordage *O Q* , sont arrêtés par les Longueraines *O P*, & chacun boulonné en tête, comme le represente l'Elevation. Ils sont encore garnis de leurs pals-à-planches à leur Entredeux , jusqu'en *S*, qui est la plus grande profondeur d'eau qu'on trouve dans la Riviere avant que de fonder la pile , & dont l'es-pace *S Q*, est regarni dans la suite de pierres , quand la Riviere vient à creuser audessous de *S*, suivant la maniere que je rapporte dans la Planche 23 , Figures 1, 2 , 3 ; & cela parce que les pals-à-planches *R S*, ne peu-vent pas être battues plus avant ; soit parce qu'elles ren-contrent de gros gravier ; soit parce qu'on trouve que les pilots suppléent par leur resistance à toutes les va-riations & à tous les dégravoyemens de la Riviere.

Planche vingt uniéme.

La Figure premiere represente en profil la maniere de faire des Bâtardeaux à quatre reprises , ou de dix à

douze pieds de hauteur. Ainsi *B A L* étant la superficie
des eaux de la Riviere audessous de laquelle il faut creuser les fondations d'une pile, ou de tout autre ouvrage, on pose le Tiran *E L*, qu'on assure par les pieux
E F, *A G*, *H K*, & *L M*. Dans l'espace *A B* on forme le Bâtardeau *A B C D*, qu'on assure en tête par une
Entretoise ou un Tiran *E B A I*, que l'on arrête par
des Liernes *I* & *A*, que l'on vanne en *B D* & *A C*, &
l'espace *A B C D*, corroyé de terre glaise jusqu'au fond
du gravier *C D*. On entoure ainsi d'un pareil Bâtardeau la fondation d'un ouvrage, en sorte que si les sondes qu'on en a faites auparavant, portent qu'il faut
creuser douze pieds *E T*, pour poser les Plateformes *I L*,
Figure seconde; on s'écarte de douze pieds de l'endroit
que l'on veut sonder depuis 4, *E*; & le Bâtardeau étant
fini, on vuide les eaux de *E* en *L* pardessus *B A*, où
elles coulent dans des Epanchoirs vers la Riviere. L'on
creuse en même temps la profondeur *E P* de trois pieds,
& les déblais étant enterrés à cette profondeur, on
établit de nouveau un autre rang de pieux audessous
N V, que l'on garnit en dedans du terrain *N Q*, avec
des Vannes. L'on place audessus l'Auge *N P*, dans laquelle ceux qui épuisent en *O P*, versent les eaux avec
un Bacquet *A B*, Figure 6, en *N P*, & ceux-ci audessus
de *E L*; & ainsi toujours en descendant en *S B*, & jusqu'à *I T*; où pour lors l'on établit le pilotage *A C E G*,
Figure seconde, garni de racinaux *G I*, & de Plateformes *L I*, avec des pilots de bordage à Rainûre &
pals-à-planches *A B*; audessus desquelles fondations
on établit la Maçonnerie telle qu'on s'est proposé,
I N M, avec des Retraites *I N*, pour la saillie de l'Empatement.

La Figure troisiéme represente un pilot ou pieu planté
à refus de Mouton, qu'on veut retirer de son emplacement, on suppose qu'il sort audessus du terrain ou de
l'eau *H G*, d'environ deux à trois pieds. On le perce

en *B* , on y paſſe le Levier *A B C* , que l'on entrelace
par un bout de groſſe corde *B D* , au bout de laquelle
& en *D* , on met un Crochet *D* , ou un Levier , ou toute
autre force , pour tenir en l'air le pilot , à meſure que
le Levier *A B C* le tournera autour de ſon centre. Le
pilot n'aura pas plûtôt fait un demi tour ou un tour ſur
luy-même , qu'on le déracinera après tres-aiſément par
le moyen d'un autre Levier en *D* ; & s'il eſt dans un
fond d'eau , il ſortira bien ſouvent de luy-même , à
meſure qu'on le tournera ſur ſon centre , que l'eau ſou-
levera. J'ay rapporté ailleurs encore l'autre maniere
dont on ſe ſert pour déraciner les pilots.

La Figure quatriéme repreſente une grande Tariere
pour forêter un rocher *E F Y* , afin d'y planter un pieu
audeſſous de la ſuperficie de l'eau *H G* ; la pelle de la
Tariere *E F Y* , clavetée en *D* , dans le Manche *E A* ,
que les Manivelles *C B* tournent par la force des hommes qui ſont poſtés ſur l'Echafaud *I M* , & dans lequel
la Tariere paſſe à une ouverture pratiquée entre des
ſolives *M N* , avec un autre plancher audeſſous , & tout
près de la ſuperficie des eaux *H G* en *L G* , où on la fait
paſſer auſſi.

La Figure cinquiéme repreſente une Sonde dont le
bout *H* eſt barbelé , que l'on tourne par un Manche
A B , quand on le juge à propos , & dont la tête excede
l'anneau , pour pouvoir être battuë avec une Maſſe de
fer.

Audeſſus du rocher , & autour de la pelle de la Tariere , Figure quatriéme , on voit la maniere dont on
ſe ſert pour étancher l'eau audeſſus d'un rocher , par le
moyen d'un Bâtardeau qu'on a rapporté ci-devant; où
l'on voit la plus petite Cuve *O P Q R* , au milieu de laquelle , quand ſon eſpace eſt épuiſé d'eau , l'Ouvrier
peut percer le rocher avec le Cizeau & le Maillet en
E F Y , & qu'il s'aſſure auparavant par la double grande
Cuve *S T V X* , & dont l'entredeux de l'une à l'autre

STRQ, OPVX, est garni d'un corroyement de terre-
glaise.

La Figure 6, représente un simple fil de pieux pour
servir de palée à un Pont de 10 à 12 pieds de large, assurés par deux moises *EF, GH*, boulonnées en *AB*, &
clavetées en *C*.

La Fig. 7, représente le même fil des pieux liernés par *IL, MN*, boulonnés & clavetés en *OP*, & *Q*.

Planche vingt-deuxième.

La Figure 1, représente une partie de l'élevation du
Pont du Gard, dont les Arcades sont de près de 10 toises de large, avec les voussoirs extradossés, un avant-
bec *F*, du côté d'amont seulement en *E*. *Voyez* le profil
Fig. 2, avec un passage pour les hommes à pied, & à
cheval, sur le premier Pont, à l'endroit de la cymaise, & du gardefol *C*, son Aqueduc est audessous de l'entablement en bahu *A*.

La Fig. 3, représente un corps de batisse, comme la
face d'un bastion d'une pile, &c. fondé seulement sur
un grillage *BLM*, tant plein que vuide.

La Fig. 4, représente un Angle saillant d'une encein-
te, ou de tout autre ouvrage, bâti sur une rampe *AB*,
& dont les fondations sont menagées, suivant differens ressauts *AD, DE*, & *EF*, tous de niveau, par
rapport au bon, & au mauvais fond de consistance
qu'on rencontre, ainsi que j'ay fait suivre à la Citadelle de Nismes.

La Figure 5, représente le profil d'une Courtine à la
même Citadelle, où j'épargnai près de la moitié de la
Maçonnerie, en employant dans le corps du profil le
Roc *IHC*.

La Figure 7, représente l'élevation du Pont Aqueduc de Cesse, fondée sur de gros cailloux en *ML, HI*,
& qui supporte le Canal Royal du Languedoc, comme

on le voit dans le profil en $O\,P$; & où l'on a pratiqué une berme, ou paſſage pour les chevaux du tirage $O\,Q$.

La Figure 8, repreſente le plan d'un Gardefol ras de terre pour un ponceau Fig. 9, dans lequel on voit les differentes manieres dont les pierres de taille en tablette ſont aſſurées en R, avec un crampon en Q, avec une calle de pierre-vive, qui prend de part & d'autre dans les mortoiſes des pierres qu'on a taillées auparavant ; en P, à onglet ; en O, à tenon quarré, ou à queuë d'aronde. Ce petit gardefol ſera infiniment plus aſſuré, s'il eſt conſtruit par carreaux, & boutiſſent alternativement, en obſervant que les extrémités ſoient toûjours terminées par des boutiſſes $E\,T$, $D\,S$, dans le plan à pierres-ſiches, qui ſont les mêmes que XZ, VT, dans l'élevation. Une au milieu $P\,Q$, dans le plan qui eſt la même que $A\,B$, dans l'élevation, & les carreaux entredeux $R\,Q$, $P\,O$, dans le plan, ou AX, & AV, dans l'élevation $E\,D$, marquent les deux bouteroucs.

Planche vingt-troiſiéme.

Les Figures 1, 2 & 3, repreſentent les plans, élevation, & ouvrages de rempietement, pour reparer une pile dégravoyée, telle qu'eſt une de celles du Pont-Neuf de Touloufe, où l'on voit Fig. 1, que $G\,M\,N$, a été emporté & dégravoyé par le courant des eaux, en ſorte que $M\,N$, ne porte ſur aucun fond, ſuivant la pente du gravier $C\,M\,N\,I\,S$, qui termine la profondeur de l'eau.

De maniere que pour reparer cet ouvrage je projettai autour de la pile $Q\,P\,R$, Fig. 3, la Charpente E, D, A, B, C, & dont les Pals-à-planches ſont marquées dans la Fig. 1, par $I\,F\,L\,A$, en profil, & en élevation Fig. 2, par $C\,Q\,B\,E\,S$; & les pilots en plan Fig. 3, E, D, A, B, C, par $Q\,T$, $Z\,Y$, & $C\,B$, &c. le tout conſtruit 3 pieds audeſſus des plus baſſes eaux $H\,C$, Fig. 1, où les

Pals-à-planches font arrêtées, par des liernes & Longueraines à cette hauteur en *H*, & *C*, & à leur tefte par *OP*, *A*, &c. font liées par *EB*, & *GD*, Fig. 1, qui font les mêmes que *IL*, *DR*, *GH*, *QR*, &c. dans le plan Fig. 3, affurent fi fort l'ouvrage qu'il ne fçauroit s'écarter audelà des piles. D'autant plus que le tout eft lié par des entretoifes *ER*, *MB*, *FF*, &c. pour ne faire qu'un même corps, qu'on garnit de Maçonnerie à fonds perdu depuis *EF*, en *NI*, Fig. 1, cette Maçonnerie étant retenuë par les Pals-à-planches *FI*, Fig. 1, qui portent dans le fable, ou dans le gravier plus ou moins, comme on le voit de l'autre côté de la pile en *AL*, elle va remplir le dégravoyement *GMN*, où faifant corps, empêche qu'à jamais la Riviere ne puiffe plus fouiller audeffous, comme elle avoit fait auparavant ; & enfin, lorfqu'elle vient à creufer audeffous, & que la Maçonnerie fuit le terrain qui la foutient, & que le deffus *FE*, s'enfonce jufques à *HG*, on remblaye de nouveau l'efpace *EFGH*, jufqu'à ce qu'enfin la Maçonnerie qui n'avoit été établie qu'en *BES*, Fig. 2, & venant à couler jufques fur le Roc, ou fur le fond de confiftance *BYT*, où la Riviere ne peut dégravoyer plus bas, on regarnit de nouveau l'efpace *BESQZC*, tandis que le deffous *BESTYB*, fe trouve occupé par l'ancienne Maçonnerie. On reconnoît ces dégradations, & ces chûtes de Maçonnerie par les encaiffemens *RED*, *DQR*, qui coulent au bas, & lorfque le couronnement *ERD*, qu'on a garnit de pierres plattes, de briques de champs, &c. fe ruine & s'éfondre.

Les Figures 4 & 5, repréfentent 1°, Fig. 5, partie du plan d'une pile avec grillage *VZYST*, pilots de remplage dans les chambres du grillage, Pals-à-planches à onglets, portant entr'elles leurs rainures *AB*, *CZ*, avec pilots de bordage en tefte *CD*. Et la Fig. 4, repréfente en élévation le même plan de la pile, tantôt en profil comme *AB*, le grillage *EF*, le pilotage *P*, *R*, *Q*, *O*,

M iiij

avec les Pals-à-planches de bordage *NF*, *EM*. Et tantôt en élevation comme en *DC*, au-deſſous de laquelle on
voit le devant des Pals-à-planches *GLIM*.

On voit de plus au-deſſus de ces piles la Charpente
d'un Pont de bois, dont *EE*, marque ſa ſous-pourre;
DD, la travée *X*, la piece de Pont en rang des doſſes,
& du couchis; *V*, le gardeterre, ou bordure; *T*, l'entretoiſe; *SV*, un poteau d'appui; *Z*, une décharge, ou
Lien; *Y*, une Croix Saint André.

On voit enfin, combien les differens matériaux dont
on s'eſt ſervi pour conſtruire les piles, ont été menagés,
& employés, comme la pierre de taille en parement,
où les plus hautes eaux, lors des inondations, peuvent
le plus dégrader ces ſortes d'ouvrages. Enſuite de là audeſſus de la brique, & aux Angles de la pierre de taille.
Et enfin, dans le corps de l'ouvrage, dans le profil
AB, on voit à différentes couches & aſſiſes, tantôt
des lits de cailloux, & tantôt d'autres de brique en
liaiſon.

Planche vingt-quatriéme.

La Figure 1, repreſente un Bac, ou Pont volant qui
traverſe la Riviere de 3 en 2, lorſqu'il eſt amaré en *P*,
ſuivant la ligne de direction *OG*, & la diſpoſition du
gouvernail *OS*, & traverſe la même Riviere de 2 en 3,
lorſqu'il eſt amaré en *O*, par une direction toute contraire. Et ce mouvement ſe fait à peu près comme les vibrations d'une pendule, ſuivant le long cable *PQ*, amaré
à une Anchre qu'on a coulée à fond au milieu de la Riviere, & qu'on fait ſupporter par des petits bateaux,
afin que le fil de l'eau n'en interrompe pas le cours.

La Figure 2, repreſente un Pont flotant conſtruit
ſur des bateaux qui ont leurs attaches en *B* & *A* de part
& d'autre de la Riviere, & qui ſont tenuës en raiſon
par des Anchres *I*, ou par des fils de pieux *LM*, avec
des cables *MB*, *MC*, *MD*, ou bien par une chaîne

IH, au bout de laquelle il y a un gros anneau, où les cables *HE*, *HF*, &c. sont amarés pour retenir par la prouë les bateaux. Quelquefois à la place des cables, on se sert de longues solives de Chêne, dont l'arrête est abatuë qu'on garnit d'anneaux, & de branches de fer aux extrémités, qui sont d'un beaucoup plus long usage que tous les cables gaudronnés. On laisse ordinairement à ces Ponts un passage pour servir à la navigation, par exemple en *B*, où l'on met un, ou deux Ponts-levis; comme on le voit beaucoup mieux dans la Fig. 1, Pl. 25.

La Figure 3, représente un Bac, dont le cable *TX*, se dévuide dans le bateau, autour d'un Tourniquet, coule à fond, & ne paroît plus sur l'eau, quand le Bac est arrivé à un des bords de la Riviere.

La Figure 4, représente un autre Bac qui est dirigé par un gouvernail *E*, par un cable *Z A*, attaché en *A*, qui le fait aller en *C*, & par une grenouillette *Z*, qui coule vers *X*. autour du cable *TX*. tendu sur des enfourchemens de plusieurs arbres élevés sur les bords de la Riviere en *X*, & *TV*.

La Figure 5, représente le plan de la grenouillette, ou crapaudine où l'on voit que la poulie a tourné le long du cable *BC*, orizontalement, & que le cable *BC*, se dévuide encore sur deux autres poulies, tourniquets *FG*, *DE*, qui tournent verticalement par-dessus le cable; *HI*, marque le cable où est amaré le bateau.

La Figure 6, représente la même poulie, ou grenouillette en profil. Ainsi *N*, est la poulie *A*, dans la Figure 5, *LM*, sont les deux tourniquets qui tournent verticalement marqués en *DE*, *FG*, Fig. 5. Et enfin, *OP*, est le cable *CB*, dans la Figure 5, & *TX*, Figure 4.

La Figure 7, représente le plan d'un Pont à Coulisses, dans lequel on voit que *G*, qui est le Chevêtre,

& qui porte sur le Pont dormant G, se glisse dans œuvre jusques à L, par sa culasse H, & pour lors le chevêtre G, vient se ranger sur l'allignement M N.

La Figure 8, fait voir le profil de ce même Pont, où A, marque le chevêtre, & la culasse sera rangée dans œuvre le long de sa chambre jusques en E, & qu'on fait courir sur des petites poulies audessous en D, avec un plancher audessus en P, audessous duquel on le range.

Planche vingt-cinquième.

La Figure 1, représente deux Ponts-levis pratiqués sur un Pont flotant à bateaux, où l'on voit que la superficie des eaux est toûjours la même en S, & les fonds de cale des bateaux en R T, que les pourrelles qui tiennent en raison les bateaux sont marquées par Q V, les Ponts-levis en V M, M O, qu'on tient en raison par la longue poutre H O, qu'on amare en M, que V M se leve en H G, par la chaîne A M, qui doit être toûjours parallele à la ligne ponctuée, tirée d'un Tourillon à l'autre B V, O P, & que les Fleches C B A, s'abatent par la chaîne C D, que la culasse de la fleche est retenuë par le traversier C, & ne peut même s'abatre sous M, quand la poutre H O, n'y seroit pas, à cause que la fleche repose sur le chevêtre qui traverse la largeur du Pont. Tous les poteaux d'appui sur lesquels & entre lesquels jouent les fleches du Pont-levis, sont plus ou moins assurés en décharge, & entretenus par des Liens, comme I L, &c. avec une lisse X.

La Figure 2, represente un petit Pont-levis A B, pour une poterne fort legere, que deux soldats peuvent lever par deux chaînes C D, supportées par deux poulies, autour desquelles elles tournent.

Cette Fig. 2, represente encore par I H, H G, F E, des Cintres renversés, maçonnés en coupe, à cause que le Pont qui traverse un fossé, est sur un fond de mauvaife confiftance. Il eft enfin établi fur une plâtée.

La Figure 3, fait voir un Pont-levis par un guichet, qu'un foldat feul peut lever, & abatre par le moyen d'une feule fleche *R S T*, qui tourne fur un Effieu *P Q*, fur des pilaftres, poteaux, &c. & dans des Tourillons en *P* & *Q*, que deux chaînes *X M*, *Z O*, attachées à un Arceau de fer *M O*, font lever lorfqu'elles font attachées au chevêtre *M O*, qui porte fur le feuil du Pont dormant, & que la fleche joint au bout *R*, par un anneau.

La Figure 4, repréfente partie d'une Arche extradoffée, où l'on voit que les vouffoirs *E D C B*, n'ont pas plus de portée les uns que les autres fur leurs inférieurs, *F G H A*; & que leurs joints par tefte & de côté, n'ont aucune liaifon les uns avec les autres pour faire corps enfemble, en forte que la rangée *A M B*, n'a aucune liaifon avec la rangée de vouffoirs *H O C*.

La Figure 5, fait voir une partie d'Arche toute différente de la précédente, en ce que les vouffoirs *S*, *R*, *Q*, *P*, *O*, ont une liaifon avec ceux du deffous, & que leurs joints de tefte & de côté ne fe rencontrent pas enfemble, & que leurs queuës ont differentes longueurs; les uns & les autres forment tantôt des boutiffes, & tantôt de carreaux en parement, comme on le voit dans ceux de la premiere affife *V X T*, qui ne fe rencontrent pas avec ceux de l'affife au deffus *Y X*.

Planche vingt-fixiéme.

La Figure 1, repréfente un Pont-levis à baccule *A B C*, dont le chevêtre s'éleve en *E*, où il fera rangé dans la feuillure de la porte qu'on luy a pratiquée expreffément, & la culaffe des fleches s'abat en *M*, dans la Chambre, où l'on defcend par le petit Efcalier *H*, & 7, 5, 8, dans le plan. L'on voit qu'il eft mieux de faire fupporter la baccule par un Tourillon qui foit au

milieu des fleches *B D*, que s'il étoit audeffous en *D*.
On abaiffe la baccule par la chaîne *I A*, ou bien dans le
plancher *B L*, en *L*, on y pratique un reffort en loque,
où l'on arrête la baccule quand on l'a levée , &
que l'on abat par le moyen d'une détente , & d'une
chaîne.

La Figure 2, reprefente le plan de la même baccule
où l'on voit les deux fleches *A O*, *B R*, le chevêtre *A B*,
les poutrelles 1, 2, 3, qui doivent fupporter les doffes
dont on les couvre. L'entretoife *Z*, l'Effieu avec les
Tourillons *N P*, autre entretoife *V X*, la Croix de Saint
André *S X*, *V T*, autre entretoife *S T*, la culaffe *O R*,
la Chambre *N. H. B. P*, & le bout du Pont dormant
9. 10.

La Figure 3, reprefente un Pont tournant fur un pivot *A*. en forte que *E D*. venant prendre la place de
I H. le chevêtre prendra celle de *G F*. & pour lors l'efpace du foffé jufques au Pont dormant fera fans paffage.
Q. P. O. N. eft l'efpace de la Chambre du Pont tournant où il fe place.

La Figure 4, reprefente un Pont-levis fur un Pont
de Charpente dormant, où les fleches *D A*. doivent
être fupportées par un Tourillon au milieu de la piece,
& retenuës par un poteau de fupport *E C*. audeffus duquel eft une traverfe en *C* ; les poteaux de Jouillieres
B I. & de fupport *C* doivent être affurés enfemble
par de petites entretoifes, *L Y*. &c. & par des Liens
à côté des liffes *I H. B G* ; le reftant du Pont dormant
conftruit à l'ordinaire avec fa liffe, poteaux d'appui,
poteleu, Croix de Saint André, &c.

CHAPITRE XXX.

Cinq difficultés qu'on propose aux Sçavans à resoudre.

1°, Uelle doit être l'épaisseur d'une culée dans toutes sortes de Ponts & ponceaux de Maçonnerie, à proportion de la grandeur des Arches, & Arceaux, & des poids qu'elles doivent supporter.

2°, Quelle doit être la largeur des piles, par rapport à l'ouverture des Arches & Arceaux, & des poids dont on les charge.

3°, Quelle doit estre la portée des voussoirs, depuis leur intradosse, à leur extradosse, à toute sorte de grandeur d'Arche & d'Arceau à l'endroit de la Clef.

4°, Et enfin, de toutes les Arches & Arceaux fixés sur un même diametre, quel est celui qui pourra porter de plus grands fardeaux. Quelles proportions détermineront au juste les efforts des uns & des autres, soit de l'ellipse, ou de quelque surbaissement qu'on veuille faire ; soit du plein Cintre, ou enfin du tiers-point, ou Gothique.

5°, A ces quatre propositions on en joint une cinquiéme, qui est, de marquer au juste quel doit être le profil des murs de soutenement, pour retenir les terres d'une Chauffée, des Turcies, des Terrasses, des Ramparts dans les Fortifications à toute sorte de hauteur, &c. On prétend que feu Monsieur le Maréchal de Vauban a donné un pareil profil pour les Fortifications, qui peut servir à tous les cas qu'on propose ici, qui peut soutenir depuis 10 jusqu'à 90 pieds de hauteur de terre nouvellement transportée, & non rassise. Mais comme il n'est fondé que sur l'expérience de plus de cinq cens mille toiſes cubes de Maçonnerie, bâties à cent cinquante Places fortifiées ſous les ordres & ſous le Regne de L o u i s l e G r a n d; à quoy ce profil a été toujours employé avec ſuccès. On en demande la démonſtration, avec la réſolution des quatre Propoſitions précédentes; afin que par des regles certaines on projette ces ſortes d'ouvrages, & perſonne juſqu'aujourd'hui n'en ayant donné aucune ſolution.

Les hypotheſes qu'on établira pour principes, doivent être connues, certaines, évidentes, & dont on ne puiſſe pas douter.

On demande qu'on s'explique avec des termes & un langage connu, afin que tout le monde l'entende, & en puiſſe juger.

CHAPITRE XXXI.

Edits, Declarations, Arreſts, Ordonnances & Reglemens pour les Ponts & Chauſſées, grands Chemins, Ruës dans les Villes, Bacs, Rivieres, &c.

I L n'y a point d'Officier ſervant dans les Ponts & Chauſſées, qui ne doive être prévenu de tous les Reglemens qui ont été faits à l'occaſion des grands Chemins, des Ruës, des Ponts, des Rivieres, des Bacs qui ſont les Routes dont les hommes ſe ſervent pour leur commerce, ſans leſquelles tout périroit bientôt, ſi elles étoient interrompues. Je donne donc en abregé le précis de tout ce qui a été ordonné de plus important ſur ces ſujets, par ordre des dates, plûtôt que par ordre des matieres, que chacun rangera comme il trouvera à propos, & auſquels on pourra ajouter, s'il importe. Meſſieurs les Tréſoriers de France ſont les ſeuls Juges

pour le fair des Chemins ; en cas de contestation &
d'appel, on ne peut porter la Cause qu'au Conseil.

Il n'y a que le Roy ou son autorité Royale qui puisse
changer les Chemins, Ruelles, Sentiers, Voyes, Ruës ;
car tous sont à luy. *Viam publicam Populus non utendo
amittere non potest.* L. 2. ff. *de Via publica & Itinere, &c.*

Par l'Ordonnance de 1413, les Juges Royaux étoient
Juges de tous les Chemins par tout le Royaume. Par
celle de 1508, la Jurisdiction fut transportée à Messieurs
les Tréforiers de France.

En Decembre 1607, Henry IV, par son Edit établit
la fonction & les droits de l'Office de Grand Voyer, &
de ses Commis ; il Veut,

1°, Que le Grand Voyer, ou autres par luy commis,
ayent la connoissance de la Voirie tant des Villes, Faux-
bourgs & grands Chemins ; & que les Tréforiers de
France connoîtront des différends qui interviendront
sur ces faits.

2°, Que lorsque les Ruës & grands Chemins feront
encombrés, ou incommodés, les Particuliers feront
ôter les empêchemens.

3°, Qu'il ne sera fait aucunes Saillies, Avances, &
Pans de bois, ni aucuns Encorbeillemens en avance,
pour porter aucuns murs, & porter à faux sur lesdites
Ruës ; mais bien faire continuer le tout à plomb, depuis le rez de Chaussée ; redresser les murs où il y aura
ply ou coude, en donnant des allignemens.

4°, Qu'il ne sera fait aucunes Jambes-Estrieres, Encoignûres, Cave, ni Caval, Formes rondes en saillie,
Sieges, Barrieres, Contre-fenêtres, Huys de Cave,
Bornes, Pas, Marches, Montoirs à Cheval, Avenues,
Enseignes, Etables, Cages de Menuiserie, Chassis à
verre, autres Avances sur la Voirie, sans le consente-
ment du Grand Voyer.

5°, Que les Treillis de fer ne doivent aucun droit,
quand ils n'excedent pas les murs aux fenêtres sur Ruës,

& payeront trente fols quand ils excederont.

6°, Défend de faire des Caves fous Ruës, on ne doit point faire de degrés fur Ruës, planter Bornes aux coins d'icelles, ès entrées des maifons, pofer Enfeignes, fans permiffion.

7°, Ne jetter dans les Ruës, eaux, ni ordures par les fenêtres de jour ni de nuit, faire Preaux, ni Jardins en faillie aux hautes fenêtres, ni tenir fiens, terreaux, bois dans les Ruës & Voyes publiques plus de 24 heures, fans incommoder les paffans.

8°, Ne faire Eviers plus hauts que le rez de Chauffée.

9°, Les Ruës feront nettoyées les quatre grandes Fêtes de l'année ; les immondices des Villes feront portées aux champs, aux lieux deftinés aux Voiries.

10°, Les Sculpteurs, Charrons, Marchands de bois, Teinturiers, Foulons, Fripiers, &c. ne doivent point mettre fur Ruës leurs marchandifes, ni mettre fecher fur perches de bois aux fenêtres fur Ruës & Voyes publiques leurs marchandifes.

11°, Le Grand Voyer & fes Commis a infpection du Pavé des Ruës, Voyes, Quays, Chemins, &c.

12°, Les Marchés ne doivent point être faits dans les Ruës, mais dans les lieux accoutumés.

13°, Les Auvents ne feront accordés que de dix pieds depuis le rez de chauffée.

14°, Sera commis en chaque Ville une perfonne capable pour donner les allignemens fur les Ruës, fans qu'il foit befoin de Sergent pour le faire fignifier.

Extrait tiré de l'Edit du Roy, portant Reglement general pour les Eaux & Forefts ; en Juillet 1607.

Du Titre *des Routes & Chemins Royaux és Forefts, & Marchepied des Rivieres.*

ARTICLE I. En toutes les Forêts des paffages,
oû

où il y a, & doit avoir grand Chemin Royal servant aux Coches, Carosses, Messagers & Rouliers des Villes à autres, les grandes Routes auront au moins soixante & douze pieds de large; & où elles se trouveront en avoir davantage, elles seront conservées en leur entier.

Art. II. S'il étoit jugé necessaire de faire de nouvelles Routes, pour la facilité du Commerce & la seureté publique, en aucune de nos Forêts; les Grands Maîtres feront leurs procès verbaux d'allignement & du nombre, essence & valeur des bois qu'il faudra couper à cet effet; qu'ils envoyeront avec leurs avis à nôtre Conseil, ès mains du Controlleur General de nos Finances, pour y être par Nous pourvû.

Art. III. Ordonnons que dans six mois, du jour de la publication des Presentes, tous bois, épines & broussailles qui se trouveront dans l'espace de soixante pieds, ès grands Chemins servans au passage des Coches & Carosses publics, tant de nos Forêts, que de celles des Ecclesiastiques, Communautés, Seigneurs & Particuliers, seront essartées & coupées, en sorte que le Chemin soit libre & plus seur. Le tout à nos frais ès Forêts de nôtre Domaine, & aux frais des Ecclesiastiques, Communautés, & Particuliers, dans les bois de leur dépendance.

Art. IV. Voulons que dans six mois passés, ceux qui se trouveront en demeure, soient mulctés d'amende arbitraire, & contraints par saisie de leurs biens, au payement tant du prix des ouvrages necessaires pour l'essartement, dont l'adjudication sera faite au moins disant, au Siege de la Maîtrise; que des frais & dépens faits après les six mois, qui seront taxés par le Grand Maître.

Art. V. Les arbres & bois qu'il conviendra couper dans nos Forêts, pour mettre les Routes en largeur suffisante, seront vendus ainsi que le Grand Maître avisera pour nôtre plus grand profit; & ceux des Eccle-

N

fiaftiques & Communautés ieur demeureront en com-
penfation de la dépenfe qu'ils auront à faire pour l'effar-
tement.

Art. VI. Ordonnons que dans les Angles cu Coins
des Places croifées, triviaires & biviaires, qui fe ren-
contreront ès grandes Routes & Chemins Royaux des
Forêts, nos Officiers des Maîtrifes feront planter inceffamment des Croix, Poteaux, ou Pyramides, à nos
frais, ès Bois qui nous appartiennent ; & pour les autres, aux frais des plus voifins & intereffés ; avec Infcriptions & marques apparentes du lieu où chacun
conduit ; fans qu'il foit permis à aucunes perfonnes
de rompre, emporter, lacerer ou biffer telles Croix,
Poteaux, Infcriptions ou Marques ; à peine de trois
cens livres d'amende, & de punition exemplaire.

Art. VII. Les Proprietaires des heritages aboutif-
fans aux Rivieres navigables, laifferont le iong des
bords vingt quatre pieds au moins de place en largeur,
pour Chemin Royal & trait des Chevaux, fans qu'ils
puiffent planter arbres, ni tenir clôtures ou hayes plus
près que trente pieds, du côté que les Bateaux fe tirent,
& dix pieds de l'autre bord ; à peine de 500 livres d'a-
mende, confifcation des arbres, & d'être les Contrevenans contrains à reparer & remettre les Chemins en
état à leurs frais.

Ordonnance de Meffieurs les Tréforiers de France. du 17 Decembre 1686.

1°, Tous les Chemins allans de Province en Province, & de Ville en Ville, auront quarante-cinq pieds
de large.

2°, Que les Chemins allans des Bourgs & des Villages
aux Villes de traverfe, auront au moins trente pieds.

3°, Que les Proprietaires des Terres voifines fe re-
tireront chacun en droit foy, pour laiffer aux Chemins

les largeurs ci-deſſus mentioanées, que toutes les hayes,
ronces, &c. feront coupées, & qu'on n'en pourra
planter qu'à ſix pieds près du bord deſdits Chemins,
abattront toutes les buttes & tertres qui feront audevant de leurs Terres & Vignes ; feront auſſi les foſſés
pour l'écoulement des eaux, qu'ils releveront tous les
ans au premier Octobre.

Declaration du Roy, du 16 Juin 1693, au ſujet de la Voirie & des Rues.

1°, Défend aux Maçons de ne rien faire ſans avoir
pris les commiſſions de M. le Grand Voyer.

2°, Pour toutes les avances dans les rues, ſera demandé permiſſion.

Ordonnance du Roy du premier Avril 1697, qui porte :

1°, De reformer toutes avances excedans huit pouces, comme Seuils, Appuis de Boutique, &c. dans
les Ruës.

2°, De ne point fendre le bois ſur les Ruës, mais bien
ſur des billots, &c.

3°, De ne point faire aucuns Balcons, Avant-corps,
Travail, ou Auvent à Maréchal, ni Auvents encintrés
ou forme ronde, audevant de leurs Maiſons ou Bouti-
ques, qu'après en avoir demandé permiſſion, en con-
ſequence des conſentemens des deux Proprietaires voiſins ; ou iceux préalablement ouis, où il échet ; à peine
de démolition, confiſcation des materiaux, & de l'A-
mende de 20 livres.

Arreſt du Conſeil d'Etat du Roy, du 26 May 1705, qui ordonne :

Que les Ouvrages de pavé qui ſe feront de nouveau

par ses ordres, & les anciens qui seront relevés, seront
conduits du plus droit allignement que faire se pourra,
suivant qu'il sera ordonné par les Tréforiers de France, à ce commis dans la Généralité de Paris, & par les
Commiffaires départis dans les autres Généralités : auquel effet il sera paffé fans aucune diftinction au travers
des Terres des Particuliers, aufquels pour leur dédom-
magement fera délaiffé le terrain des anciens Chemins
qui feront abandonnés : & en cas que le terrain defdits anciens Chemins ne fe trouvât pas contigu aux heritages des Particuliers fur lefquels les nouveaux Chemins pafferont, ou que la portion de leurs heritages
qui refteroit, fût trop peu confiderable pour pouvoir
être exploitée féparément ; veut Sa Majefté que les
Particuliers dont les heritages feront contigus tant aux
anciens Chemins qui auront été abandonnés, qu'aux
portions des heritages qui fe trouveroient coupés par
les nouveaux Chemins, pafferont fuivant l'eftimation
qui en fera faite par lefdits Commiffaires, de la valeur
du terrain qui leur fera abandonné ; lequel dédomma-
gement fe fera en deniers, lorfque le prix defdites
portions d'heritages n'excedera pas deux cens livres ;
& lorfqu'il excedera ladite fomme, il leur fera donné
en échange par lefdits Proprietaires, des heritages de
pareille valeur, fuivant l'évaluation qui en fera faite
par lefdits Commiffaires ; lefquelles échanges feront
exemptes de tous droits de Lots & Ventes, tant envers
Sa Majefté, qu'envers les Seigneurs particuliers.

Ordonne en outre Sa Majefté, qu'il fera fait des
foffés de quatre pieds de largeur fur deux pieds de
profondeur, à l'extrémité des Chemins de terre qui
font de chaque côté du pavé, de quelque largeur qu'ils
fe trouvent à prefent dans les grandes Routes allant de
Paris dans les Provinces, dont l'entretenement eft employé dans l'Etat des Ponts & Chauffées. Et lorfqu'il
n'y aura point de Chemins de terre déterminés, il en

sera fait à trois toises de distance du pavé de chaque côté dans lesdites grandes Routes, & à douze pieds dans les Routes moins considerables; & ce tant pour l'écoulement des eaux, que pour conserver la largeur des Chemins, & les heritages riverains; lesquels fossés seront entretenus par les Riverains, chacun en droit soy.

Et pour la seureté des grands Chemins, Sa Majesté fait défenses à tous Particuliers de planter à l'avenir des arbres, sinon sur leurs heritages, & à trois pieds de distance des fossés séparant le Chemin de leurs heritages. Le tout à peine de dix livres d'amende contre les Contrevenans.

Enjoint Sa Majesté ausdits Sieurs Commissaires départis, & ausdits Tresoriers de France, chacun dans leur Département, de tenir la main à l'execution du present Arrest, & de rendre toutes les Ordonnances necessaires, lesquelles seront executées nonobstant oppositions ou appellations quelconques. Et en cas d'appel, Sa Majesté s'en reserve à Elle & à son Conseil la connoissance.

Ordonnance de Messieurs les Tresoriers de France, du 28 May 1714.

Ordonne que dans trois jours pour toutes préfixions & délais, à compter du jour de la signification ou publication, tous Particuliers proprietaires d'heritages aboutissans sur & le long des grands Chemins de cette Généralité de Paris, seront tenus chacun en droit soy, de faire des fossés à dix huit pieds de distance de la bordure du pavé desdits grands Chemins; comme aussi de faire à travers leurs heritages tous les dégorgemens necessaires pour recevoir les vuidanges desdits fossés, & de curer & entretenir en bon état à l'avenir lesdits fossés, en sorte que les eaux puissent y avoir leur écoulement libre ; à peine de cent livres d'amende , & d'y être mis des Ouvriers à leurs frais & dépens. Faifons iteratives défenfes à tous les Laboureurs , & autres particuliers , de pouffer leurs Labours & Charrues au-delà defdits foffés, & jufque fur le bord defdites Chauf-fées & Chemins de terre étant à côté d'icelles : comme auffi de mettre ou décharger aucuns fumiers , décombres , & autres immondices, fur & à côté defdites Chauffées & Chemins de terre , ni de laiffer aucunes Charettes, Harnois, Mole de Fouin, bois de Charonnage , & autres chofes généralement quelconques, dans les Ruës & paffages des Villes, Bourgs & Villages de cette Généralité ; à peine de confifcation , & de cent livres d'amende. Faifons pareillement défenfes fous les mêmes peines d'amende, & autres qu'il appartiendra, à tous Particuliers, de faire aucuns trous & fouilles fur & à côté defdites Chauffées & Chemins de terre , fous quelque prétexte que ce foit, même d'y prendre du fable, de la pierre, & autres materiaux ; & à tous Meûniers & autres qui exploitent & font valoir des Moulins qui font attachés à des Ponts, de faire & pratiquer fur les Chaperons des Piles defdits Ponts de petits Jardins, & de demeurer garants & refponfables du déperiffement d'iceux, & retabliffement qu'il y conviendra faire. Enjoignons aux Entrepreneurs du rétabliffement & entretenement defdits grands Chemins , de tenir la main chacun en droit foy dans l'étendue de leur Route, à l'execution de nôtre prefente Ordonnrnce; & en cas de contravention, d'en faire leur declaration au Procureur du Roy , pour y être pourvû ainfi qu'il appartiendra.

CHAPITRE XXXII.

Des Coutumes qu'on obferve en differens endroits du Royaume, fur les Chemins, en cas de contrevention.

P AR l'Article 130, de la Coutume de Troyes, rédigée en 1509, il eft dit: Que fi quelqu'un laboure, ou traverfe en labourant un Chemin Royal, ou autre grand Chemin & Voye publique, y a amende de foixante fols; & s'il fait raye ouverte au long defdits Chemins, en entreprenant fur iceux, y a pareillement amende de foixante fols.

L'Article 5 de la Coutume de Vitry en Perthois, rédigée en 1509, porte: Que celui qui atteint de labourer les grands Chemins, Voyes, Sentiers, les Pafquis, & les Termes qui font féparation de Finage, l'amende eft de foixante fols.

Therouane Article 6, l'Evêque à caufe de fon Evêché, eft Seigneur fpirituel & temporel de ladite Ville, des Flocs, Flegards, Chemins & Voyeries.

Artois Article 5, en 1509 & en 1543; la Juftice du Comté s'étend ès Flocs, Flegards, Chemins & Voyeries.

De Lille, Article 17: Aufdits Seigneurs, Hauts-Jufticiers, ou Vicomtiers, appartiennent tous les Chemins, Flocs, Flegards, & les autres plantes & croiffans fur iceux.

Article 9 de la Coutume de Normandie, rédigée en 1577 : Doit le Vicomte faire reparer les Chemins, Ponts & Paffages, &c.

Bayonne, Titre 18, rédigée en 1514: Tous les voifins des lieux contribuent à la reparation des Ponts, foffés, ou autres lieux voifinaux.

Article 3 du Titre 36 de la Coûtume de Solle, rédigée en 1520 est défendu par la Coûtume de Menar, *lesdits Bestiar per los camis de las Campaches. Et qui fey lo contrari deu pagar per cascun cap de bestiar, & per cascune vegade une targe, la mietat per lo Rey, & l'autre mietat per lo parti de accusante.*

CHAPITRE XXXIII.

De la largeur des Chemins, fixée suivant les Coûtumes de plusieurs Provinces.

EN Bourgogne, le Sentier est d'un pas & demi de large, qui font quatre pieds & demi.

Le Chemin finerot de 18 pieds.

Le grand Chemin 30 pieds.

A Senlis, art. 272, Chemins Royaux 40 pieds.

Ailleurs 30 pieds.

Valois, art. 194, le Sentier 4 pieds de large.

La Carriere 8 pieds.

La Voye 16 pieds.

Le Chemin Royal 30 pieds, dans les bois 40.

Amiens, art. 184, les Chemins Royaux 60 pieds.

Boulenois, art. 156, Chemin Royal 60 pieds.

Chemin de traverse 30 pieds.

Chemin-Châtelain 20 pieds.

Le Sentier 2 pieds & demi.

Clermont, art. 226, le Sentier 4 pieds de large.

La Carriere 8 pieds.

La Voye 16 pieds.

Le Chemin 32 pieds.

Le Quint, ou Chemin Royal 64 pieds, chaque pied ne contient que 11 pouces.

Saint-Omer, art. 15, grands Chemins 60 pieds.

Chemin de traverse, ou viscomtier 30 pieds.

Tours, art. 59, Ladunois, art. 1. du Chap. 3,

Les grands Chemins 16 pieds.

Le Voisinau 8 pieds.

Maine, art. 70, Anjou, art. 60, Grand Chemin Peageau 14 pieds de large.

Bergier prétend que les grands Chemins des Romains avoient 60 pieds de large, divisés en trois parties, 20 pieds pour la partie du milieu qui contenoit le pavé, & 20 pieds pour chacune des autres qui étoient en pente, & qui formoient les Chemins de terre. En d'autres endroits ils peuvent être réduits à 45 pieds; suivant l'Ordonnance des Eaux & Forêts 60 pieds déterminent ceux dans les bois.

Il n'y a rien de fixe pour la largeur des Chemins. Messieurs les Tresoriers de France les peuvent réduire, ou bien les élargir davantage suivant la commodité des lieux, & l'affluence des peuples qui est plus grande aujourd'hui, parce que c'est à une Ville où ils vont, & qui étoit autrefois bien moindre, parce que ce n'étoit qu'un Bourg, un Village, un Hameau, & peutêtre une seule maison d'un Particulier, lorsque les hommes ont commencé de peupler la Terre, & de s'agrandir. Ainsi les Chemins peuvent augmenter en largeur ou bien diminuer, suivant la nécessité des choses.

Le Roy par un Arrêt de son Conseil du a fixé la largeur des Chemins de Normandie à 24 pieds, sans que ladite largeur puisse être occupée par des Hayes, Fossés, & Arbres. Et s'il s'en trouve dans cette étenduë, ils feront coupés. Que les Riverains ne pourront planter Arbres qu'à dix pieds de distance de chaque bord.

CHAPITRE XXXIV.

De l'entretien des Ponts & Chaussées.

P A R I S eſt la ſeule Ville du Royaume, où les Routes qui vont y aboutir ſont les plus fréquentées. Auſſi y prend-t-on des meſures extraordinaires, & toutes autres que celles qu'on employe dans les Capitales des autres Provinces.

De toutes les Routes qui aboutiſſent à Paris, les unes ſont plus fréquentées. L'on prétend que celle qui vient d'Orleans l'eſt davantage qu'aucune autre. On veut auſſi qu'on ait plus d'attention à ſon entretien, ſoit pour y marquer tous les ans un plus grand nombre de relevés-à-bout, ſoit pour y faire des reparations, &c. Et à proportion du plus, ou du moins de ces ouvrages, l'entretien doit auſſi ſe monter à un plus haut prix.

Les conditions ordinaires auſquelles les Entrepreneurs ſe ſoumettent pour l'entretien des Routes dans la Generalité de Paris, ſont miſes cy-après, ſuivant leur rang ; & ſur le toiſé qui en a été fait auparavant des pavés, ou des autres parties du Chemin qu'il y a à entretenir, contenant un certain nombre de toiſes dont chaque Route eſt compoſée, Meſſieurs les Treſoriers de France adjugent au moins offrant, & qui font les conditions meilleures, les ouvrages pour le terme de neuf années conſécutives ; ſçavoir ,

1°, Que l'Entrepreneur dudit rétabliſſement, & entretenement ſera tenu de relever à bout par chacune des neuf années de ſon bail la quantité de.

toiſes quarrées de pavé, aux endroits qui luy ſeront

marqués , & indiqués par l'Ordonnance par écrit du Sieur Commissaire , à ce député par la Compagnie, sur les rapports des Officiers du Pavé, qui seront faits en présence dudit Sieur Commissaire , laquelle Ordonnance contiendra l'aillignement, la pente , & la forme à donner ausdites Chaussées à relever à bout.

2°, Dans les relevés-à-bout dû pavé de grais, le petit sera employé séparément du grand : en sorte neanmoins que les Entrepreneurs ne pourront employer que six rangées au plus du petit pavé, après lesquels ils seront tenus de mettre du pavé d'échantillon pour la solidité de l'ouvrage.

3°, De hausser & retrancher les terres jusqu'à trois pieds, aux endroits où il sera necessaire, pour rendre les Chaussées égales autant qu'il sera possible, & ce en les relevant-à-bout, & de droit allignement.

4°, De rétablir & faire les accôtemens de terre de toutes les Chaussées contenuës en son bail, & de celles qui seront par luy faites de neuf, dans le cours d'icelui, sur la largeur de six pieds de chaque côté, & de niveau en toute leur largeur aux bordures desdites Chaussées, observant de faire les taluds desdits accôtemens en pente douce le long d'iceux pour les soûtenir, lesquels accôtemens proviendront des retranchemens des terres excedantes, & au défaut seront pris des Berges audelà des Chemins de terre, qui seront laissés de trois toises de large de chaque côté, aux endroits où il sera possible, & de retrancher les terres qui se trouveront exceder le niveau des bordures dans toute la longueur, & largeur desdits accôtemens.

5°, De fournir les matériaux neufs nécessaires des qualités requises ; sçavoir, le pavé de grais du plus dur du Pays, où sont lesdites Chaussées, & de 7 à 8 pouces de gros en tout sens, net, après avoir été retaillé quarrément, & de les poser de bout, & de champ dans tous les ouvrages : lesquels matériaux l'Entrepre-

neur fera tenu de faire décharger audelà defdits accôtemens , & de telle maniere qu'ils n'embaraffent point
les Chemins de terre.

6°, L'Entrepreneur ne pourra employer au rétabliffement des Chauffées faites de neuf pendant le cours
du précedent bail , & de celles qui feront par luy faites,
pendant ce prefent bail, que du pavé d'échantillon de
7 à 8 pouces, & de la qualité dont lefdites Chauffées
font conftruites.

7°, De purger toutes lefdites Chauffées de grais de
tout le pavé tendre , & de caillou qui fe trouvera ; &
de n'employer de vieux que celui qui eft le plus dur, &
au moins de 4 à 5 pouces de gros en tout fens, après
avoir été retaillé , fans qu'il puiffe y être employé aucun caillou, que celui feulement qui fera neceffaire
pour fervir de garni , ou remplage entre les bordures,
avec défenfe audit Entrepreneur d'employer fur lefdites
Chauffées aucune pierre ni caillou dans les relevés-à-
bout, ou reparations fimples qui feront ordonnées.

8", De ne point employer le gros caillou avec le petit,
pêle-mêle, mais feulement le long des bordures, &
fur le rein des Chauffées qui portent tout le fardeau des
Chariots , & mettre le petit caillou fur le haut des
mêmes Chauffées, en adouciffant la pente , & de re-
dreffer , & réhauffer lefdites Chauffées qui font obliques, ou enfoncées, pour les rendre de droit allignement , & de hauteur égale , fuivant l'Ordonnance du
Sieur Commiffaire.

9°, De raffeoir le pavé defdites Chauffées fur une
bonne forme de fable du plus rude , & graveleux, &
au moins de fix pouces d'épaiffeur.

10°, De ne remployer les vieilles bordures que des plus
dures, & qui ayent au moins un pied de long, fix pouces
de large,& huit pouces d'épaiffeur, & où il en manque-
ra, en fournir de neuves de grais, ou du caillou du plus
dur du pays, d'un pied & demi de long, un pied un

quart de large, & un pied d'épaisseur, posées en queuë, & boutisse, entre-deux, une, les plus quarrées avec moins d'échancrure, & de remplage de caillou qu'il se pourra, sans que les Entrepreneurs puissent employer aucun moëllon, ou pierre blanche, mais seulement du grais, ou caillou des longueur; largeur, & qualités cy-dessus specifiées.

11°, D'entretenir lesdites Chaussées chaque année, & durant le cours dudit bail, avec les matériaux neufs necessaires, des qualités dont elles sont construites, & des échantillons cy-dessus expliqués; en sorte qu'il n'y ait ni trou percé, ni flache, ni roüage, & que le tout soit tres roulant.

12°, De ne fournir aux Chaussées de pierre, ou de caillou que du plus dur du pays, & de ne l'employer que de bout, & de champ au moins de six pouces.

13°, De ne remployer le vieux caillou que des qualitez du précedent article, & posé de même.

14°, De ne poser tout le pavé, tant de grais que de caillou qu'en bonne liaison, & de ne faire les joints que quarrés, & larges de huit lignes au plus pour le pavé de grais.

15°, De ne prendre de sable, ni terre, soit pour les accôtemens, ou pour les hausses proche les Chaussées, sinon aux endroits où il sera necessaire d'en ôter pour élargir les Chemins de terre; & au défaut il en sera pris aux Berges des fossés, après avoir laissé desdits Chemins de terre, qui seront comme dit est en l'article 4, aux endroits où il sera possible, au moins de trois toises de large de chaque côté des Chaussées, aplanis, & égalés sans les embarasser des reburs qui en proviendront; lesquels reburs seront mis & battus à la hye dans les accôtemens, & joignant les bordures, pour leur servir de contre-bordure.

16°, De ne faire aucuns trous sur lesdits Chemins, & d'empêcher qu'il n'en soit fait; au contraire de rem-

plir ceux qui pourroient y être, afin d'en rendre le paſſage plus libre ; & de s'informer ſoigneuſement des
noms de ceux qui auront mis des fumiers, ou d'autres
encombremens ſur leſdites Chauſſées, ou ſur les Chemins de terre à côté d'icelles, & même dans les Villes,
Bourgs & Villages, où paſſent leſdites Chauſſées , &
d'en faire la déclaration au Procureur du Roy pour y
être pourvû.

17°, D'entretenir en bon état durant le cours de ſon
bail toutes les Chauſſées y contenuës, ſur les longueurs,
& largeurs y declarées, & auſſi celles qui ſeront par luy
faites de neuf dans le cours d'icelui ſans en rien pré-
tendre.

18°, De décombrer chaque année toutes les Chauſſées, afin quelles ſoient découvertes, & apparentes,
lors des receptions ; comme auſſi de tranſporter les dé-
combremens audelà des accôtemens , & des Chemins
de terre.

19°, De décombrer & entretenir pendant le cours
de ſon bail tous les ponceaux, d'une , ou deux Arches
qui ſont ſous leſdites Chauſſées, avec leurs aîles, &
parapets ; & ce des matieres, & qualités, qui ſont conſtruits, ſans neanmoins y comprendre les cas fortuits,
ni les Ponceaux dont les Particuliers peuvent être tenus
à cauſe des Peages qu'ils reçoivent.

20°, Sera tenu l'Entrepreneur de commencer les ouvrages dans le mois de Mars de chaque année , & de les
parachever , & de les mettre en état de reception à la
fin du mois d'Août.

21°, De faire recevoir les ouvrages au plus tard au
mois de Septembre de chaque année , après que par les
Officiers du pavé, en preſence du Sieur Commiſſaire
à ce député , rapport de viſitation aura été fait de l'é-
tat deſdits ouvrages, lequel ſera certifié par ledit Sieur
Commiſſaire.

22°, De faire toiſer, & recevoir pareillement, &

de rendre à la fin dudit bail lefdits Ponceaux & Chauffées en bon état des longueurs & largeurs y déclarées.

23°, De ne tranfporter par l'Entrepreneur le tout, ni partie de fon bail, fans le confentement de nofdits Seigneurs, à peine de nullité.

24°, De ne pouvoir fe pourvoir fur les conteftations qui pourroient furvenir pour l'execution dudit bail, ailleurs qu'audit Bureau, à peine de nullité, & de 500 livres d'amende.

25°, De donner bonne & fuffifante caution pour feureté & execution de tout ce que deffus.

26°, Les vifites extraordinaires, & les rapports qui feront faits en confequence par les Officiers du pavé, au fujet de l'inexecution des Baux, fur les Ordonnances defdits Sieurs Tréforiers de France, feront taxés par lefdits Sieurs Commiffaires; avec défenfes aufdits Officiers du pavé de prendre autres, ni plus grands droits que ceux qui leur feront taxés, à peine de reftitution, & d'y être pourvû fuivant la rigueur des Ordonnances.

Quoique la formalité des adjudications foit de même dans toutes les Generalités du Royaume, les conditions des Devis d'entretien, ne font pas toûjours femblables à celles de la Generalité de Paris. Meffieurs les Commiffaires départis dans les Provinces, fuivant l'avantage que l'Etat, ou le Public peut recevoir de la differente maniere d'adjuger les ouvrages, font ajoûter, ou diminuer aux conditions portées par le Devis. De maniere qu'une telle piece de pavé dans une telle Route, contenant tant de toifes quarrées, fera entretenuë, & en bon état, pendant le terme du bail, à raifon de tant la toife quarrée, tantôt à 1 fol; tantôt à 2, tant du plus que du moins, par rapport à la quantité des voitures qui paffent fur la Route; furtout s'il y a des gros Rouliers; & par rapport à l'éloignement des matériaux qu'il faut employer pour faire les reparations.

Dans d'autres endroits enfin, sans specifier les toises quarrées, on énonce les Chauffées en entretien à tant par toise courante, où toute autre partie de Route sur une telle longueur & largeur qu'on donne à entretenir tous les ans pour une certaine somme, suivant que les lieux, ou les ouvrages le demandent plûtôt d'une maniere que d'une autre, comme sont surtout les Chemins ferrés, ou les Chauffées de Gréve, ou garnies de gravier, &c.

A l'égard des Ponts ausquels on ne sçauroit apporter trop de précautions, les Entrepreneurs ne s'obligent ordinairement qu'à l'entretien des menuës reparations, comme sont celles des Pavés, des Bornes, ou Bouterouës, & des Gardefols; ou bien des Lisses à ceux de Charpente, des formes de sable, & couchis qui soûtiennent le pavé, &c. comme menus ouvrages, qui sont à la vûë de tout le monde, & à la bienséance de l'Entrepreneur; & qui sont les parties des Ponts les plus sujettes à être dégradées, qu'il importe le plus de tenir en bon état, soit pour la conservation de tout l'ouvrage, soit pour l'utilité du Public.

Les avenuës de tous les Ponts sont ordinairement les parties des Routes les plus maltraitées, & qu'il paroît qu'on doit le mieux entretenir, qu'on doit specifier dans le Devis, devoir être entretenuës en bon état sur la longueur de tant de toises, avec empietemens, & gravier audessus, si elles ne sont pas pavées. Et les avenuës des Chauffées qui sont pour l'ordinaire toûjours en mauvais état par la chute qu'y font les Rouliers lorsqu'ils les quittent, où il se forme presque toûjours des creux, & de tres vilains bourbiers, doivent être comblés avec des empietemens, & des engravemens, sur la longueur de 6 à 10 toises, pour être toûjours en bon état d'entretien.

J'ay

J'ay rapporté ailleurs les précautions qu'on garde en Languedoc, pour empêcher les piles des Ponts de déperir, & dont les Entrepreneurs ne veulent point se charger d'entretenir, & où d'abord après que les inondations ont passé, on fait un sondage pour sçavoir si les eaux ne les ont pas dégravoyées, qu'on confronte avec celui qui avoit été fait auparavant ; & par la difference qu'on y trouve, on reconnoît le désordre qui vient d'y arriver. Sur le champ l'Inspecteur de la Province marque la quantité des toises cubes, de gros quartiers de pierre qu'il importe d'y employer, pour arrêter le pied des piles, ou bien y marquer les autres ouvrages qui y conviennent, comme les Créches qu'on adjuge à celui qui fait les conditions meilleures, & que l'on met en œuvre incessamment, pour prévenir une autre inondation qui pourroit achever de ruiner, ou de renverser ce que la précedente auroit déja entâmé.

C'est par ce moyen que le plus souvent on évite la chûte de ces grands ouvrages, dont la plûpart ont coûté des sommes tres-considerables, & qui interessent si fort le Public, que le commerce en est d'abord interrompu, ou retardé ; & qu'il importe si fort de tenir toûjours en bon état, qui certainement ne déperissent pour l'ordinaire que par le manque de ces attentions.

La Coûtume de Bretagne Article 49, porte, que les Seigneurs doivent mettre les deniers de leurs amendes pour reparer les mauvais Chemins, & s'il n'y a des amendes, les voisins des Chemins doivent contribuer à leurs reparations.

La Coûtume de Saint Omer, Art. 16, oblige de même les voisins à reparer les Chemins.

La Coûtume de Bourbonnois, Art. 36, oblige les Habitans des Paroisses de reparer & entretenir les Chemins, Ponts & Passages.

La Coûtume de Solle, Article 36, Idem que l'Article précedent.

O

Par l'Ordonnance du mois de May 1413, le Roy commande à tous les Senéchaux, Baillifs, Prevôts, & autres Juges de son Royaume, de tenir la main que les Chemins soient reparés, & que les Habitans des lieux, soit par taille, ou impôt, y contribuent.

CHAPITRE XXXV.

De la garantie des Ouvrages Publics & Particuliers.

LEs Maçons, Charpentiers, & autres, sont garans de leurs ouvrages durant dix ans, à compter du jour de leur achévement, si le mal qui arrive à l'ouvrage provient de la malefaçon, & non d'une force superieure, comme d'un cas fortuit. Ainsi l'ouvrier remettra l'ouvrage à ses dépens, s'il est de peu de consequence, & s'il ne passe pas la valeur d'une livre d'or. Mais s'il passe une livre d'or, le particulier qui fait bâtir fournira les matériaux.

Si l'ouvrage est de terre, ou d'une matiere médiocre, la garantie durera six années ; & en cas de contravention de la part des Entrepreneurs, la Loy veut qu'ils soient foüettés, rasez & bannis. Cette Loy est citée par Harmenopolus, dans son troisiéme Livre, Titre 8.

La Loy ne regarde point l'Architecte qui donne le dessein, mais bien les Maçons, les Charpentiers, & les Couvreurs. On veut qu'elle ne s'étende pas sur les Menuisiers, Plombiers, Carleurs & Paveurs. Cependant ceux-ci ne sont pas moins coupables des défauts de leurs ouvrages par leurs malefaçons.

Il me paroît que celui qui donne un dessein doit le gatantir. De même d'un Devis. Mais celui qui l'execu-

te y doit être obligé doublement , afin de tenir en regle
un chacun , pour les coutraindre à bien faire, ou qu'ils
ne se mêlent pas d'une chose qu'ils n'entendent pas.
Suivant la Loy , *Omnes* , on veut qu'on soit garant des
ouvrages pendant 15 ans. Et que l'obligation même passe
jusques aux heritiers de l'Entrepreneur.

Jusqu'aujourd'hui il n'y a point eu d'Ordonnance de
nos Rois qui ait abregé ce terme , & il ne peut être li-
mité ni racourci au gré de l'Entrepreneur, à une seule
année du jour que les ouvrages ont été finis. Ces manieres de stipuler ne détruisent point la Loy. Il n'y a que
les cas fortuits qui imposent , & ausquels on a égard ,
comme sont les Incendies , les Tremblemens de Terre,
les grands débordemens , les Glaces aux Ponts , les
abatis par les Guerres , les Tonnerres , &c. Cette garantie d'un an & un jour , après que les ouvrages sont
finis , lors de leur reception , c'est plûtôt une formalité
qu'un droit, qui puisse autoriser la malefaçon de l'Entrepreneur. Il n'est pas possible non plus que celui qui
fait la vérification de l'ouvrage , si habile qu'il soit
quand il le reçoit , & qu'il ne l'a pas vû bâtir , en ré-
ponde. Il n'y a que le temps de quinze années qui soit
le veritable Juge , & qui decide de ces faits. On veut
pourtant qu'un habile homme qui sçait son métier ,
trouve les défauts d'un ouvrage de Maçonnerie , lorsqu'il a été mal fait. L'experience dans ces occasions est
un grand maître, qui en apprend plus que tout les Livres en sçauroient dire.

✠✠✠✠✠✠✠✠✠✠✠✠✠✠✠✠✠✠✠✠

CHAPITRE XXXVI.

Des Peages

Omme les grands Chemins appartiennent au Roy, auffi Sa Majefté ordonne qu'ils foient reparés à fes dépens ; mais ceux où il fe leve des Peages par des Seigneurs particuliers, c'eft aux frais du Droit des Peages, qu'on racommode les grandes Routes.

En Octobre 1508, Article 18, il fut ordonné par Sa Majefté, que ceux qui prennent Peages, Barrages, & autres Treus ou Devoirs, feroient contraints chacun à fon égard à faire faire les reparations des Chemins.

Article 107 de l'Ordonnance d'Orleans 1560, dit que ceux à qui les Droits de Peages appartiennent, feront tenus d'entretenir en bonne & dûe reparation les Ponts, Chemins & Paffages : autrement le revenu defdits Droits fera faifi, pour être employé aux reparations; & en cas d'infuffiance, repeter les deniers de ceux qui les auront reçus, jufqu'à la concurrence defdites reparations.

Par cette Ordonnance le Peager eft obligé de refaire le Pont, s'il vient à tomber ; c'eft une fuite du peu de foin qu'on a eu de l'entretenir : mais fi c'eft par un cas fortuit, comme par des glaces, &c. pour lors le Peager n'eft obligé à le rebâtir qu'à proportion de ce qu'il reçoit du revenu.

Il a été jugé par un Arreft du Parlement du 4 Mars 1562, qu'un Seigneur Peager n'eft recevable à quitter au Roy le Droit de Peage, au moyen des grandes reparations à faire à un Pont, ou bien parce qu'il le faut bâtir à neuf. *Voyez* Bacquet, Chapitre 30, nomb. 16.

L'Article 282 de l'Ordonnance de Blois 1567, établit la même chose à l'égard des Peagistes, que pour l'Affiche & entretenement ou Pancarte.

L'Article 355 de ladite Ordonnance de Blois, porte de faire saisir sur les Travers & Peages, pour les deniers en provenans, être employés aux reparations des Ponts, Chemins & Chaussées.

La Coutume d'Auvergne, Chapitre 25, Article 16, énonce la même chose. Celle de Poitou de même, Art. 12. Celle d'Acsidem, Titre 12. Celle de Tours, Article 84; d'Anjou, Article 60; du Maine Article 69.

Le 2 Avril 1605, il fut donné Arrest du Conseil aux mêmes fins des reparations des Ponts, Pavés, Chaussées, & autres Ouvrages publics; pour les Droits de Peages & Levées.

En 1609 le 11 Avril, il fut encore rendu un Arrest du Conseil, où le Roy ordonne que commandement sera fait à tous Peagers & Barragers, de mettre les Chaussées & Pavés en bon état; sinon, faire saisir lesdits Peagers.

L'Article 14 de la Declaration du 31 Janvier 1663, porte de saisir non seulement le revenu des Peages; mais encore celui des Terres des Peagers, pour être employés aux reparations en question, suivant les marchés qu'en feront Messieurs les Trésoriers de France: Si mieux n'aiment lesdits Seigneurs Peagers abandonner lesdits Peages. Il me paroît que lesdits Peages ne doivent pas être abandonnés par les Seigneurs Peagers, qu'après que les Ponts & Chaussées auront été mis en bon état; pour lors le Roy doit s'en charger, & non autrement.

L'Arrest du Conseil du 5 Mars 1665, ordonne la même chose que les précedens.

Les Peages doivent contribuer non seulement à entretenir les Ponts & Chaussées des grands Chemins, mais encore ceux de traverse, voisinaux & petits, qui sont dans la Jurisdiction des Peagers ; suivant la Declaration du mois de Janvier 1663.

L'Article premier du Titre des Droits de Peage, Travers, & autres, du Reglement général des Eaux & Forêts, supprime tous les Droits de Peage sans titre, & veut que toutes Barrieres, Digues, Chaînes & autres empêchemens aux Chemins, Levées, Ponts, Passages, Rivieres, Ecluses & Pertuits, pour la perception de ces Droits, soient ôtés & rompus.

L'Article 5 du même Titre : N'entendons qu'aucuns de ces Droits soient reservés, même avec Titres & possessions, où il n'y a point de Chaussées, Bacs, Ecluses & Ponts à entretenir, & à la charge des Seigneurs & Proprietaires.

Dans l'Article septiéme suivant : Ordonnons qu'il soit fait une Pancarte, laquelle sera mise & attachée sur des poteaux aux entrées des Ponts, Passages & Pertuits, où les Droits sont prétendus ; sans les pouvoir autrement lever ni exceder sous aucun prétexte, nonobstant tout usage contraire ; à peine de punition exemplaire contre les Contrevenans, même de restitution du quadruple envers les Marchands, outre l'amende arbitraire envers Nous.

CHAPITRE XXXVII.

Des Carrieres, avec les Reglemens qu'on y doit observer.

DAns le Reglement général des Eaux & Forêts, au Titre de la Police & conservation des Forêts, Eaux & Rivieres, Article 40 : Ne seront tirées terres, sables, & autres materiaux, à six toises près des Rivieres navigables, à peine de cent livres d'amende.

L'Areſt du Conſeil du 23 Decembre 1690, fait défenſes d'ouvrir des Carrieres dans l'étendue & aux
reins des Forêts du Roy, ſans la permiſſion de Sa Ma-
jeſté, & l'attache du Grand Maître; ſoit que leſdites
Carrieres ſoient de pierre, ſable, argile, &c.

L'Ordonnance touchant la Chaſſe, du 4 Octobre
1677, défend d'ouvrir les Carrieres qu'à 15 toiſes des
grands Chemins; enjoint de recombler inceſſamment
les fonds & troux abandonnés, &c.

Les Carrieres qu'on ouvre en différens endroits,
ſont cauſe bien ſouvent de pluſieurs maux. Les Entrepreneurs pour l'ordinaire, après en avoir tiré les materiaux qui leur conviennent, les abandonnent ſans les
combler, ou les fermer. Ce qui cauſe aux unes des
Mares, où bien ſouvent on trouve des gens noyés;
d'autres ſervent de retraites aux Voleurs, pour s'y ca-
cher, ſuivant qu'elles ſont à leur portée; d'autres ſont
cauſe qu'à la Chaſſe ou autrement, & pendant la nuit
ces ſortes d'endroits ſont tres-dangereux, & où l'on
ſe précipite par mégarde. Ce ſont comme tout autant
de pieges malheureux où les hommes & le bétail peuvent périr, & y prendre du mal, qu'on peut éviter en
faiſant executer contre les Entrepreneurs la rigueur des
Ordonnances.

F I N.

TABLE DES CHAPITRES.

TABLE DES CHAPITRES.

FIN DE LA TABLE.

APPROBATION.

J'AY lû par l'ordre de Monseigneur le Chancelier, le *Traité des Ponts & Chauſſées* ; & je n'y ay rien trouvé qui doive en empêcher l'impreſſion. A Paris le 23 Decembre 1715.

DELISLE.

PRIVILEGE DU ROY.

LOUIS par la grace de Dieu, Roy de France & de Navarre : A nos amez & féaux Conſeillers les Gens tenans nos Cours de Parlement, Maîtres des Requeſtes ordinaires de nôtre Hôtel, Grand Conſeil, Prevôt de Paris, Baillifs, Sénéchaux, leurs Lieutenans Civils, & autres nos Juſticiers, SALUT. Nôtre bien amé ANDRE' CAILLEAU, Libraire à Paris, Nous ayant fait expoſer qu'il luy auroit eſté mis en main un Manuſcrit qui a pour titre, *Traité des Ponts & Chauſſées*, & deſireroit donner au Public une *Diſſertation ſur les Culées, Piles, Vouſſoirs, Pouſſées des Ponts*, &c. s'il Nous plaiſoit lui accorder nos Lettres de Privilege pour la Ville de Paris ſeulement. Nous avons permis & permettons par ces Preſentes audit Cailleau de faire imprimer ledit Livre en telle forme, marge, caractere, conjointement ou ſeparément, & autant defois que bon lui ſemblera, & de le vendre & faire vendre & debiter par tout nôtre Royaume pendant le temps de dix années conſecutives, à compter du jour de la date deſdites Preſentes. Faiſons défenſes à toutes ſortes de perſonnes, de quelque qualité & contition qu'ils ſoient, d'en introduire d'Impreſſion étrangere dans aucun lieu de noſtre obéiſſance ; & à tous Imprimeurs, Libraires & autres, dans ladite Ville de Paris ſeulement, d'imprimer ou faire imprimer ledit Livre en tout ni en partie, & d'y en faire venir, vendre, & debiter d'autre impreſſion que de celle qui aura eſté faite pour ledit Expoſant, ſous peine de conſiſcation des Exemplaires contrefaits, & de mille livres d'amende contre chacun des contrevenans, dont un tiers à Nous, un tiers à l'Hôtel-Dieu de Paris, l'autre tiers audit Sieur Expoſant, & de tous dépens, dommages & intereſts : A la charge que ces Preſentes ſeront enregiſtrées tout au long ſur le Regiſtre de la Com-

munauté des Imprimeurs & Libraires de Paris, & ce dans trois
mois de la date d'icelles ; que l'Impreſſion dudit Livre ſera
faite dans noſtre Royaume & non ailleurs, en bon papier & beau
caractere, conformément aux Reglemens de la Librairie ; & qu'a-
vant que de l'expoſer en vente, il en ſera mis deux Exemplaires
dans noſtre Bibliotheque publique, un dans celle de noſtre Château du Louvre, & un dans celle de noſtre tres-cher & feal Che-
valier Chancelier de France le Sieur de Voyſin, Commandeur de
nos Ordres ; le tout à peine de nullité des Preſentes : Du contenu
deſquelles vous mandons & enjoignons de faire jouir ledit Expoſant, ou ſes ayans cauſe, pleinement & paiſiblement, ſans
ſouffrir qu'il leur ſoit fait aucun trouble ou empêchement. Voulons que la copie des Preſentes, qui ſera imprimée au commencement ou à la fin dudit Livre, ſoit tenue pour dûement ſignifiée ;
& qu'aux copies collationnées par l'un de nos amez & feaux
Conſeillers-Secretaires, foy ſoit ajoûtée comme à l'Original.
Commandons au premier nôtre Huiſſier ou Sergent, de faire
pour l'execution d'icelles, tous Actes requis & neceſſaires, ſans
demander autre permiſſion, & nonobſtant clameur de Haro,
Charte Normande & Lettres à ce contraires : C A R tel eſt nôtre plaiſir. D O N N E' à Paris le vingt-troiſiéme jour du mois de
Mars, l'an de grace mil ſept cens ſeize, & de nôtre Regne
le premier. Signé, par le Roy en ſon Conſeil, F O U Q U E T.

Regiſtré ſur le Regiſtre No 3 de la Communauté des Libraires &
Imprimeurs de Paris, page 1045, N. 1381. conformément aux
Reglemens, & notamment à l'Arreſt du Conſeil du 13 Aoûſt 1703.
A Paris, le 30 Mars 1716. Signé, D E L A U L N E, Syndic.

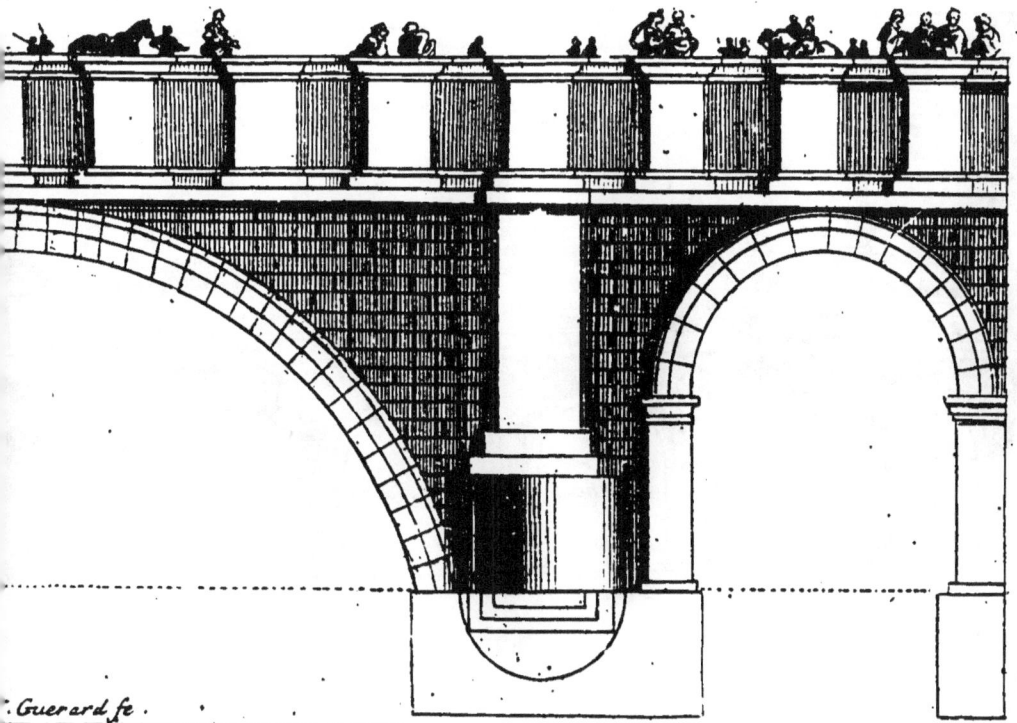

PONS DE ÆLIO ADRIANO. PL. I.re

Guerard fe.

PONS TRIUMPHALIS. PL. II.

Superficie des Eaux.

N. Guerard f.

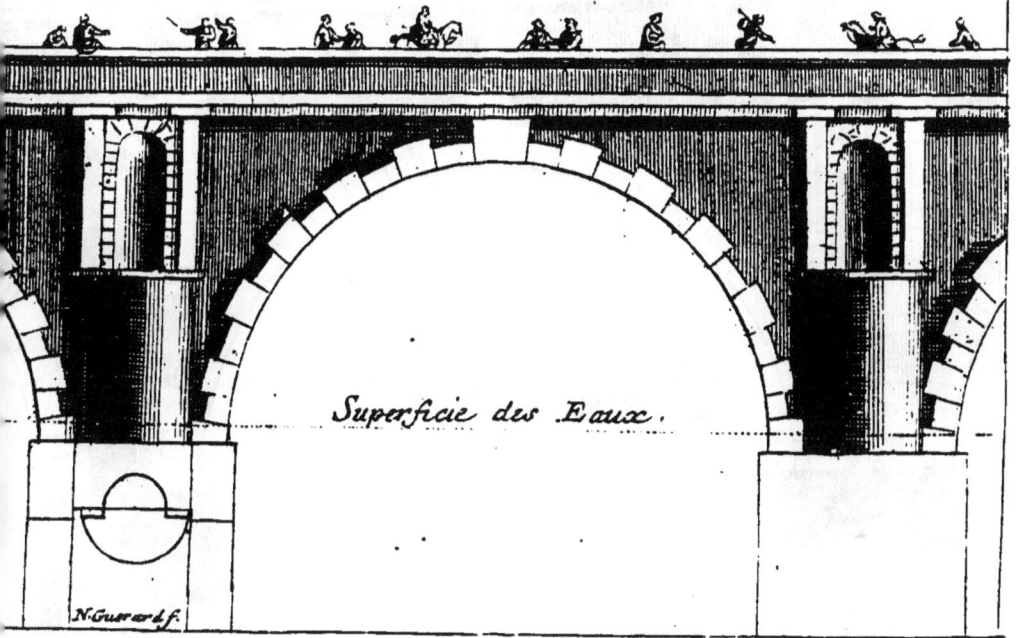

Superficie des Eaux.

N. Guerard f.

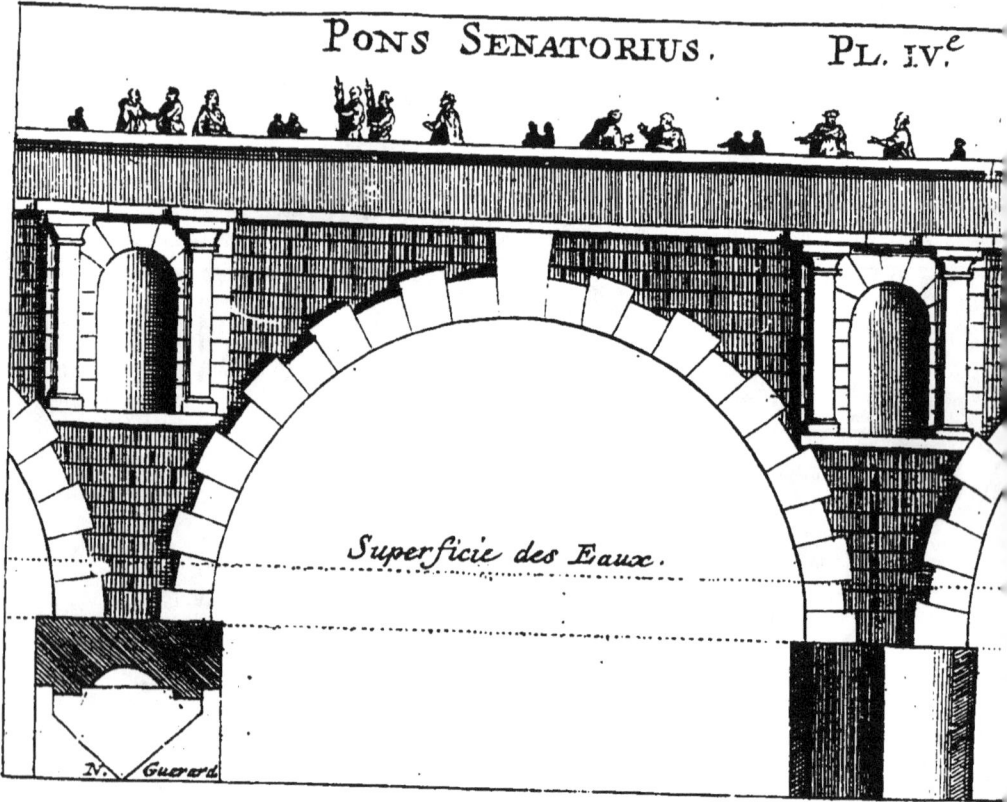

PONS SENATORIUS.   PL. IVe

Superficie des Eaux.

N. Guerard

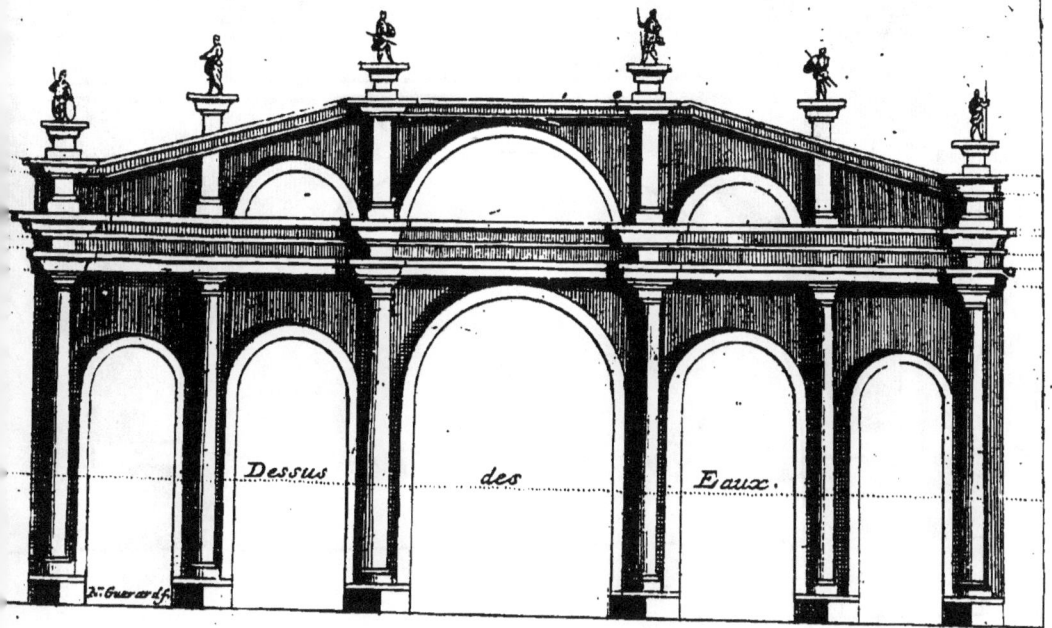

PONS SUBLICIUS. PL. V^e

Dessus des Eaux.

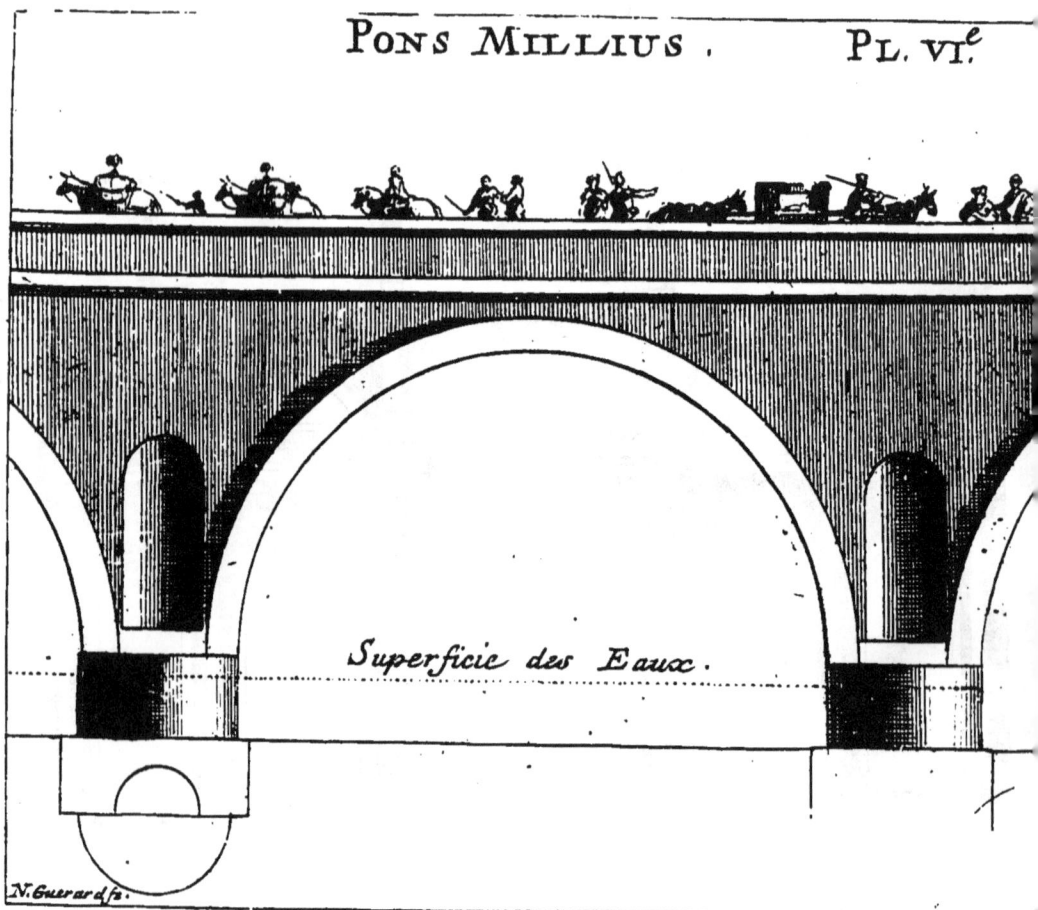

Superficie des Eaux .

N. Guerard fe.

N. Guerard fecit.

PONT DU S^T E

NT DE LA GUILLOTIERE, A LION, SUR LE ROSNE.

ST ESPRIT, LANGUEDOC, SUR LE ROSNE.

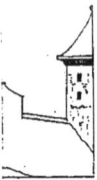

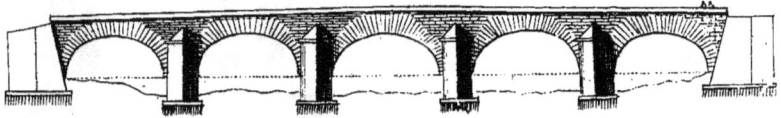

5. 10. 15. 20. 25. 30. 35. 40. 45. 50. *Toises.*

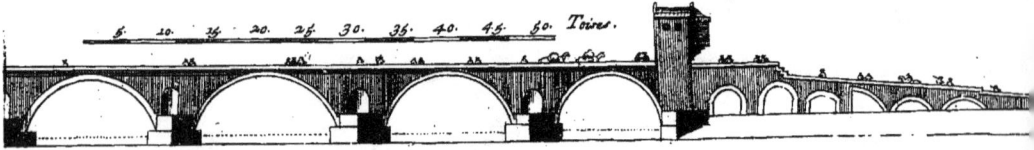

Superficie des Basses Eaux.

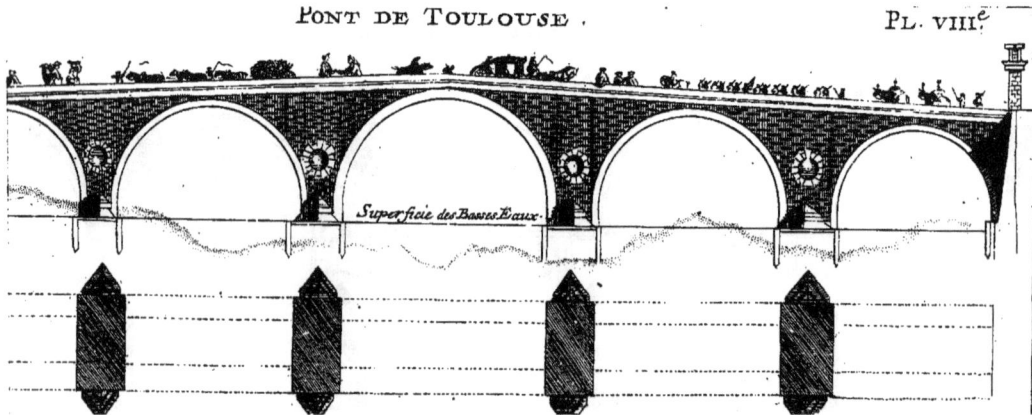

PONT DE TOULOUSE.

PL. VIII.e

Superficie des Basses Eaux.

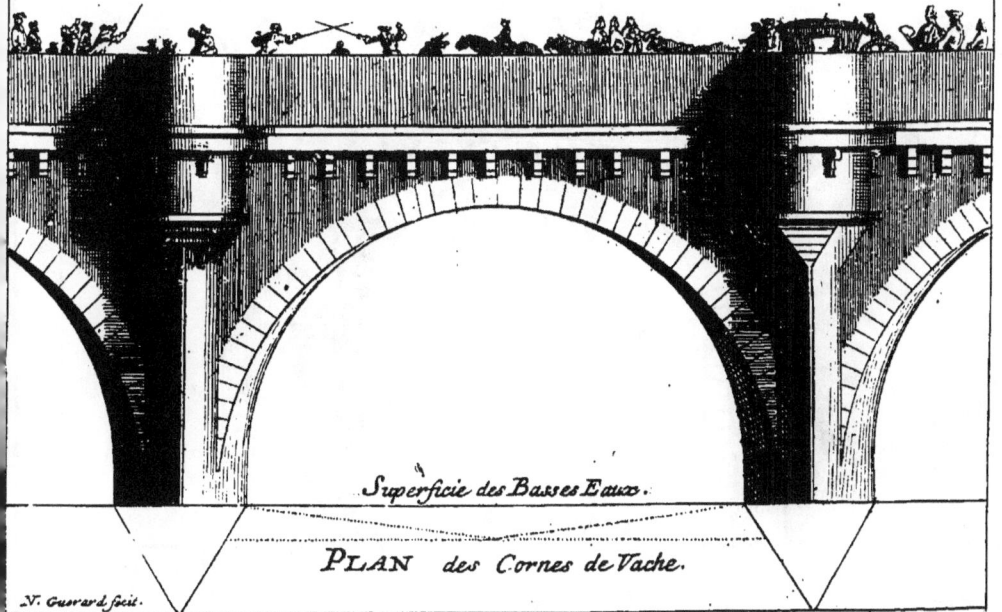

PONT-NEUF, A PARIS, SUR LA SEINE. PL. IX.ᵉ

Superficie des Basses Eaux.

PLAN des Cornes de Vache.

N. Guerard fecit.

PONT DE LONDRES. PL. X.ᵉ

Les hautes Marées.

Les basses Eaux.

N. Guerard fecit

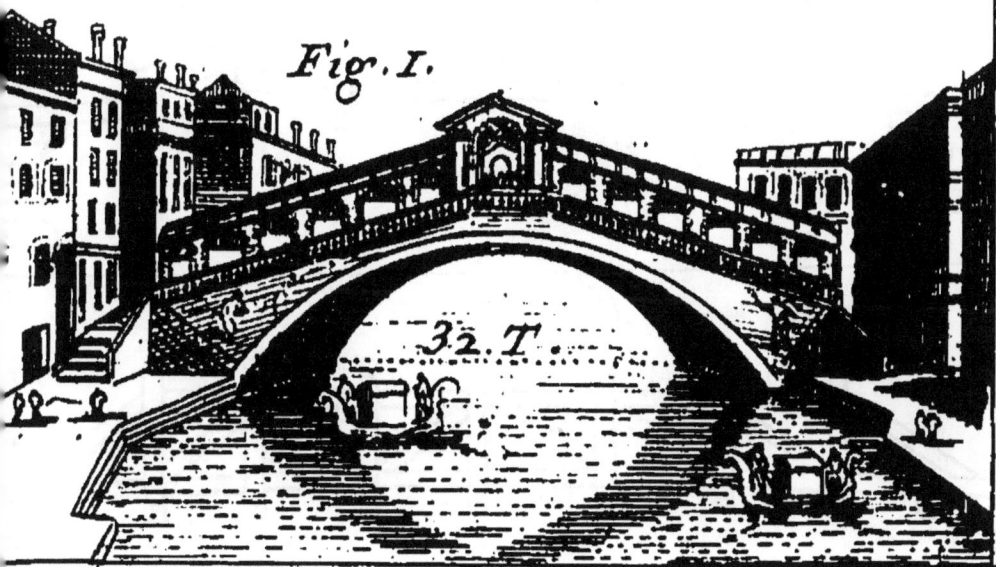

Fig. I.

32. T.

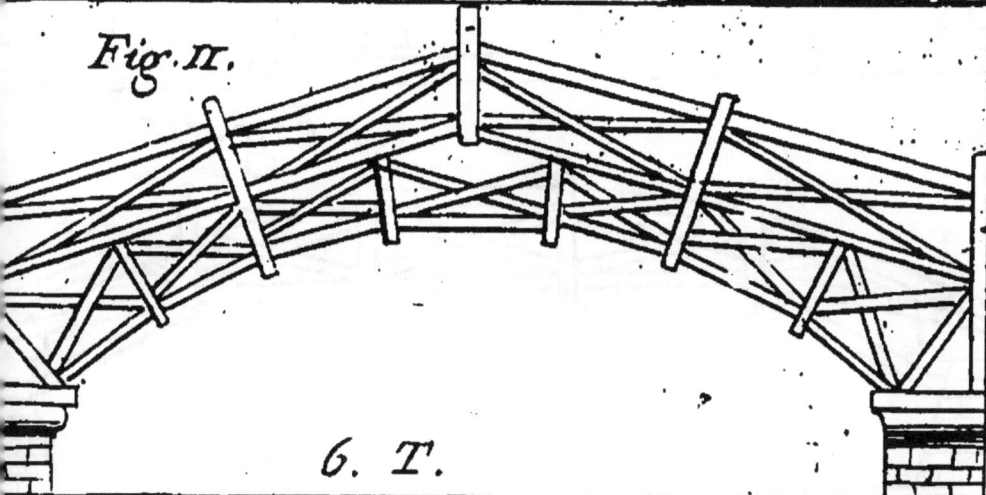

Fig. II.

6. T.

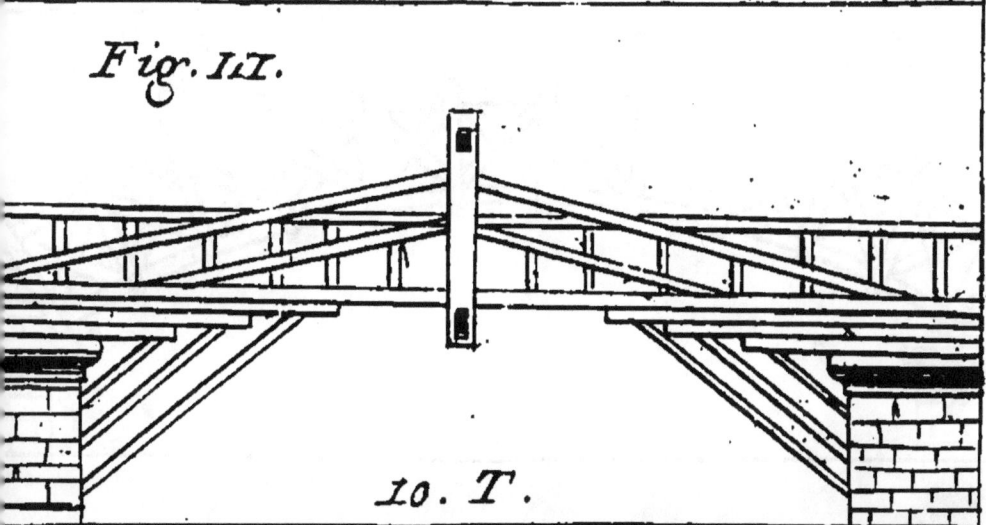

Fig. III.

10. T.

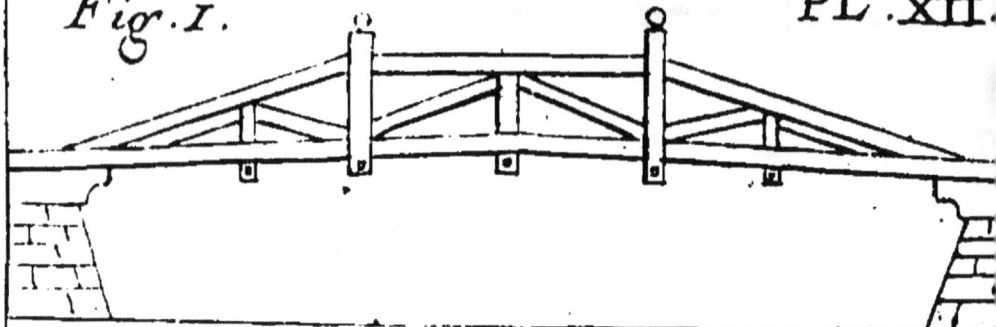

Fig. I.

PL. XII.

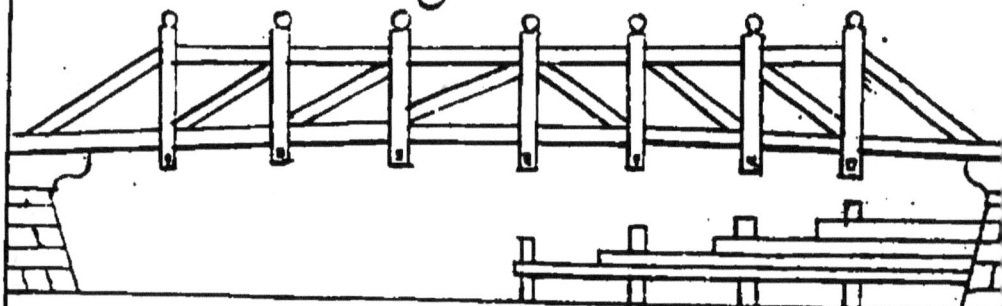

Fig. II.

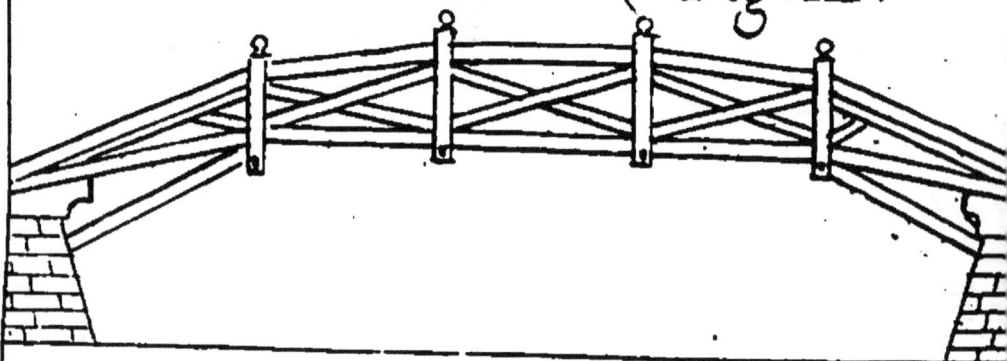

Fig. III.

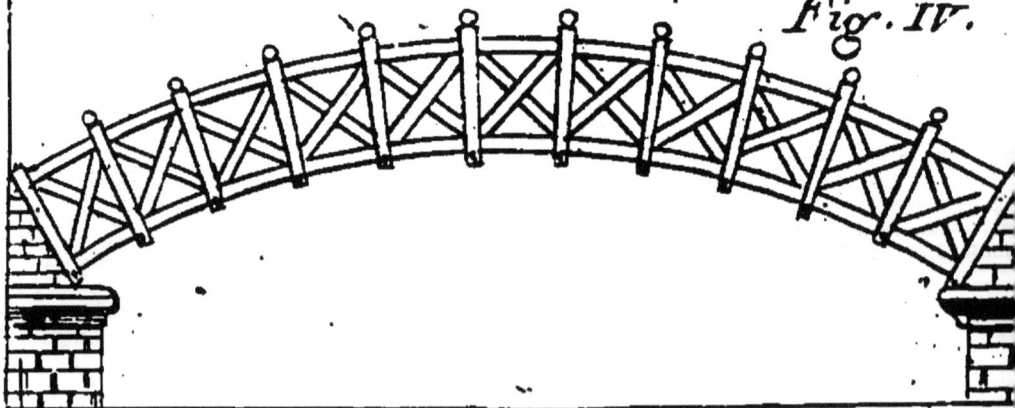

Fig. IV.

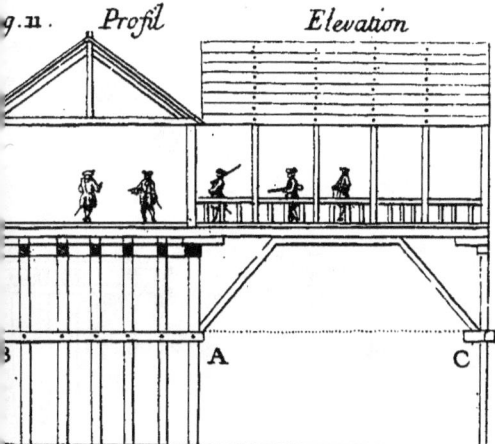

Fig. II. Profil   Elevation

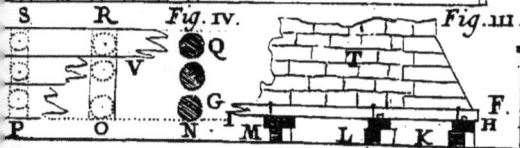

Fig. 1. Profil   Elevation

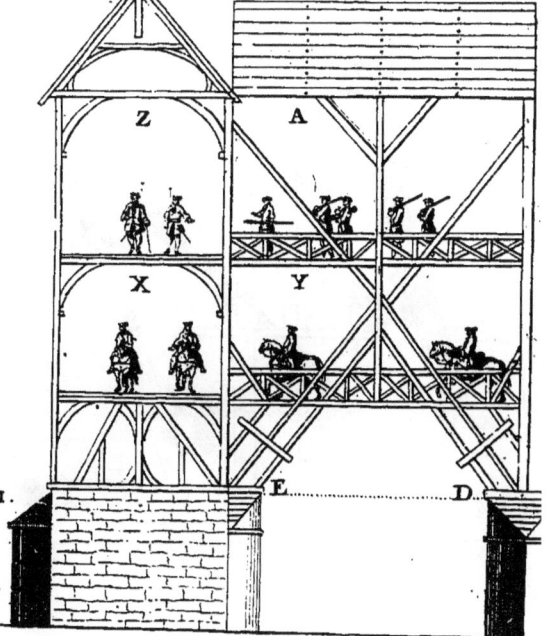

Fig. IV.

Fig. III.

PROFIL DU PONT DE CÆSAR SUR LE RHIN.   PL. XIIII.

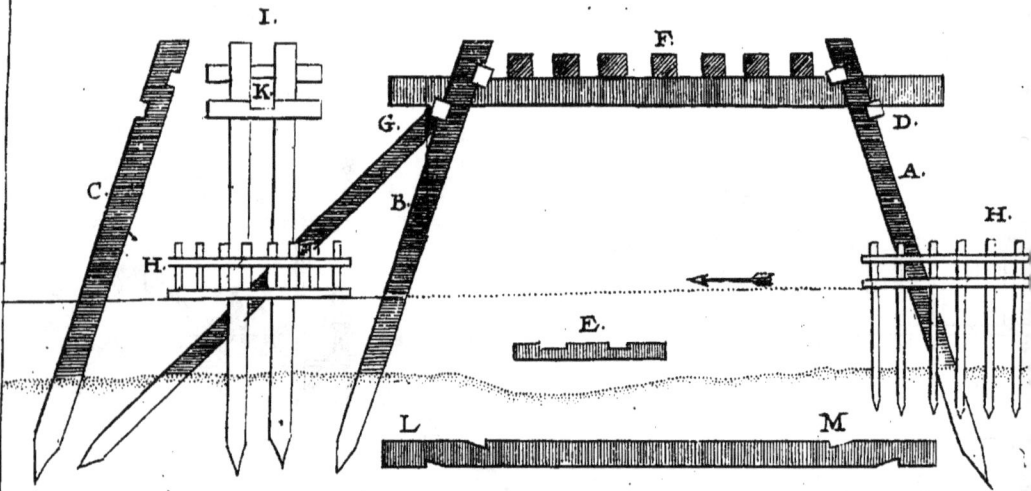

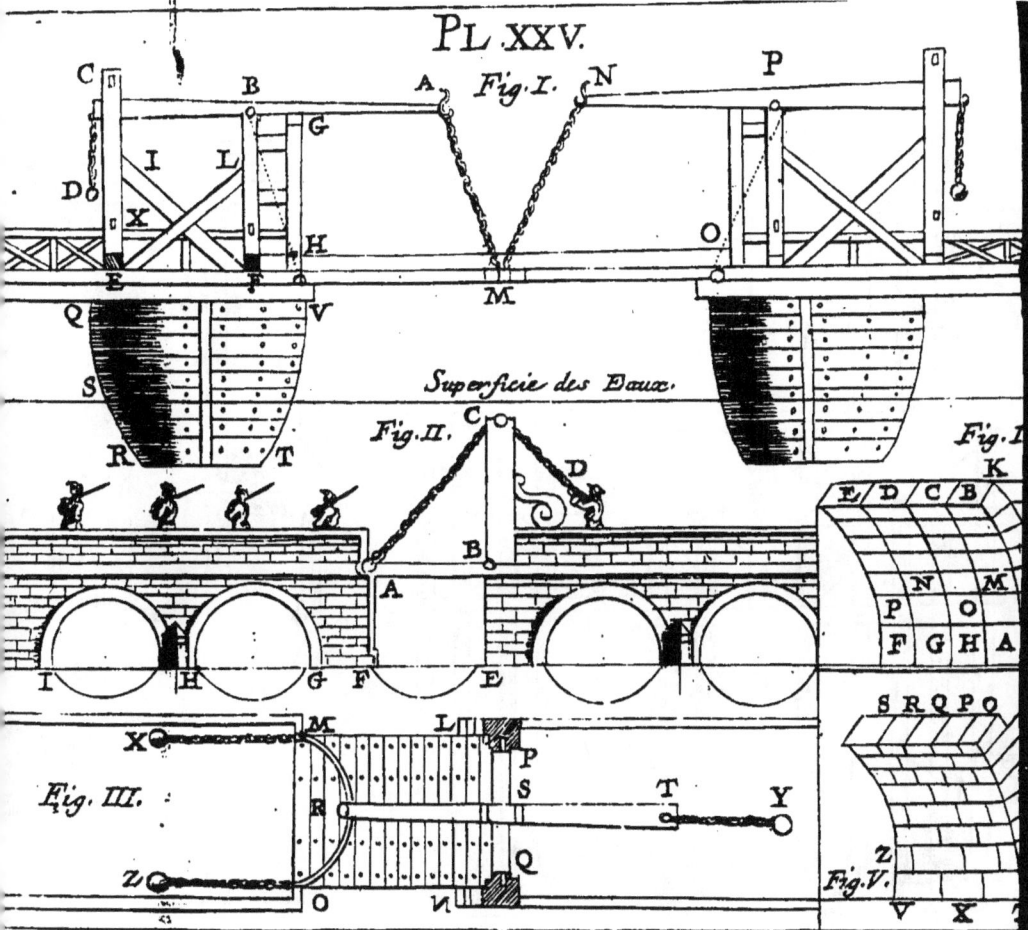

PL. XXV.

Fig. I.

Superficie des Eaux.

Fig. II.

Fig. III.

Fig. V.

Profil

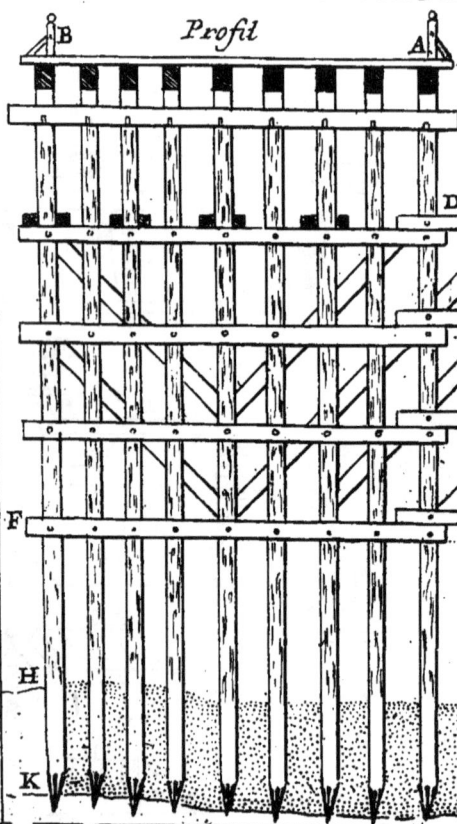

Elevation

Plan

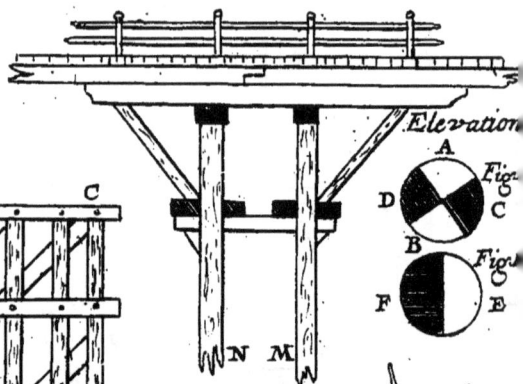

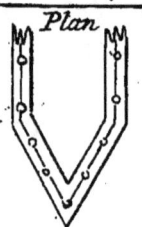

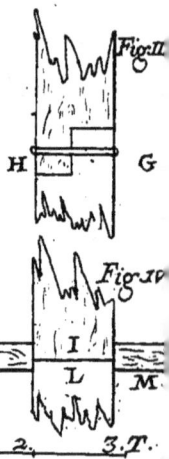

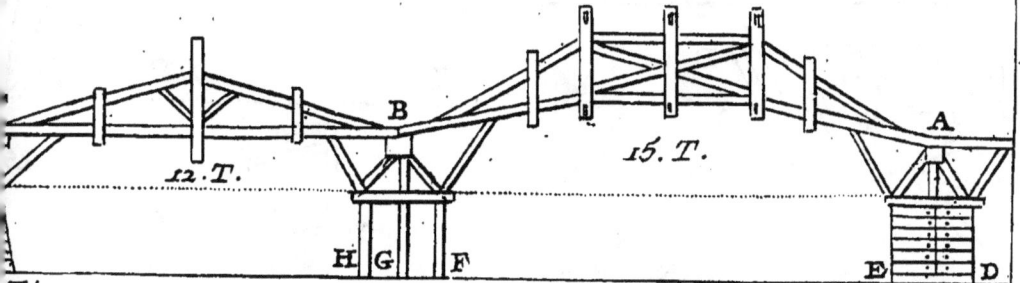

12. T.   B   15. T.   A

H G F   E D

Fig. III.

A

X

Y

X

Fig. IV.   G

Profil   Fig. II.   Elevation

Fig. I.

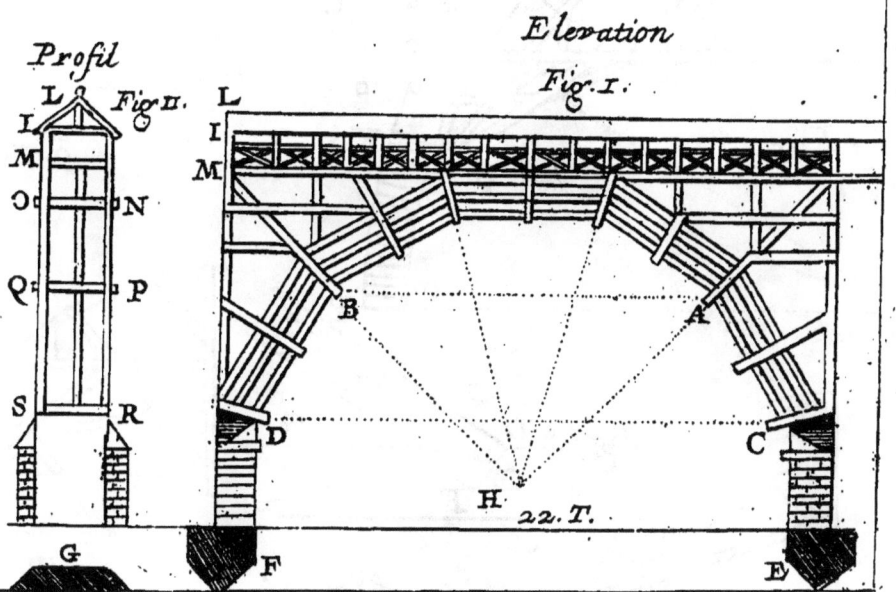

L   L

I   I

M   M

O   N

Q   P

S   R   B   A

D   C

H   22. T.

F   E

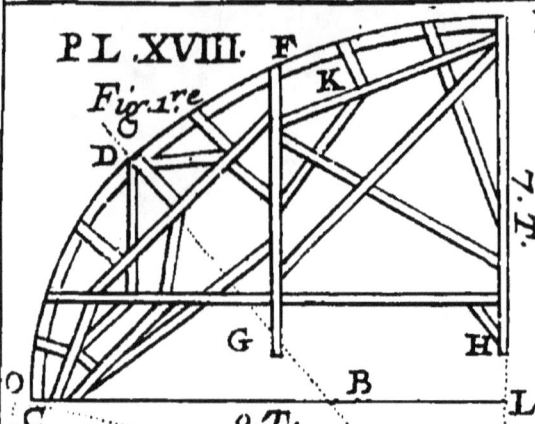

P.L. XVIII.

Fig.1re

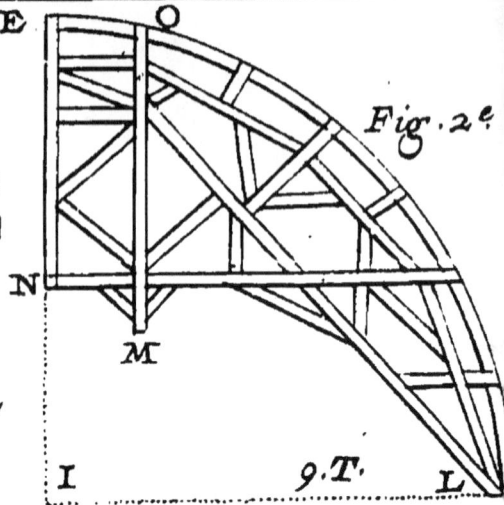

Fig.2e

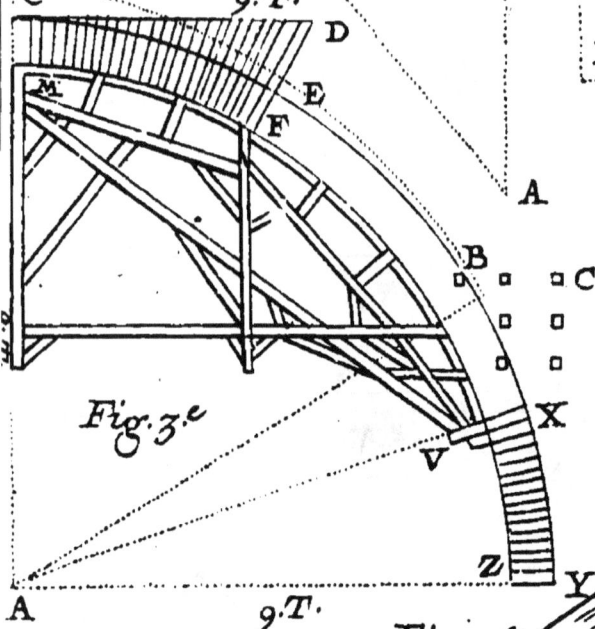

Fig.3e

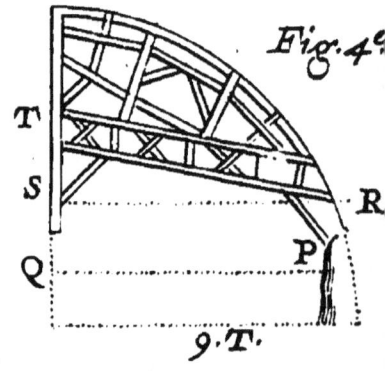

Fig.4e

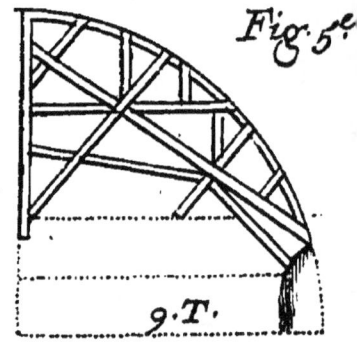

Fig.5e

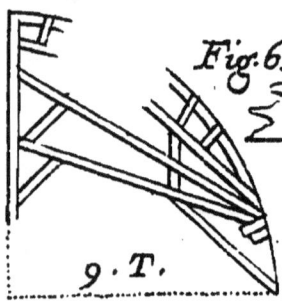

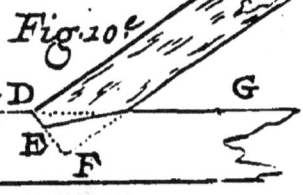

Fig.6e

Fig.10e

Fig.7e

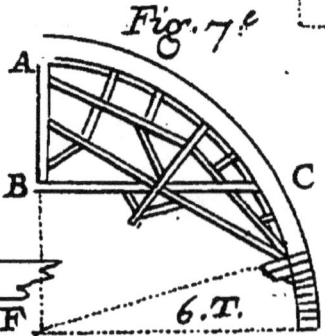

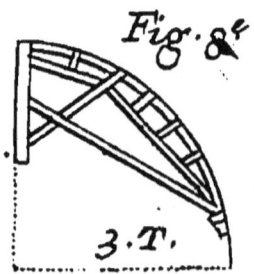

Fig.8e

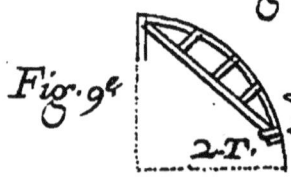

Fig.9e

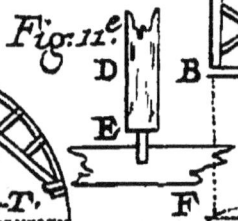

Fig.11e

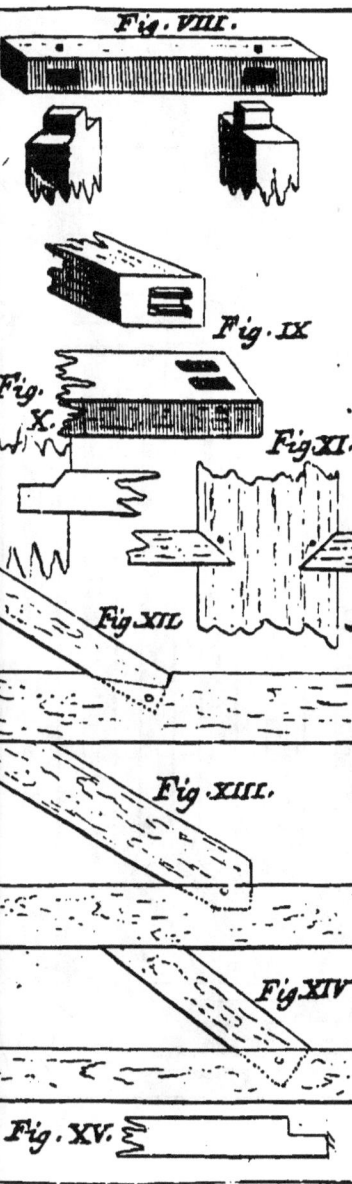

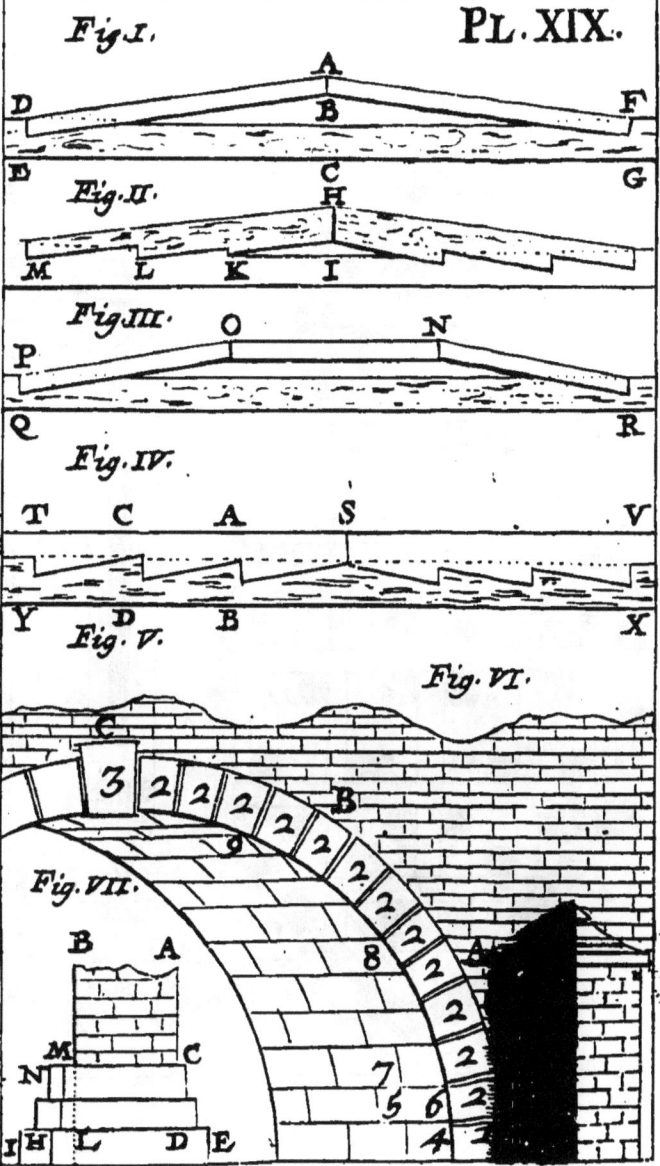

PL·XIX

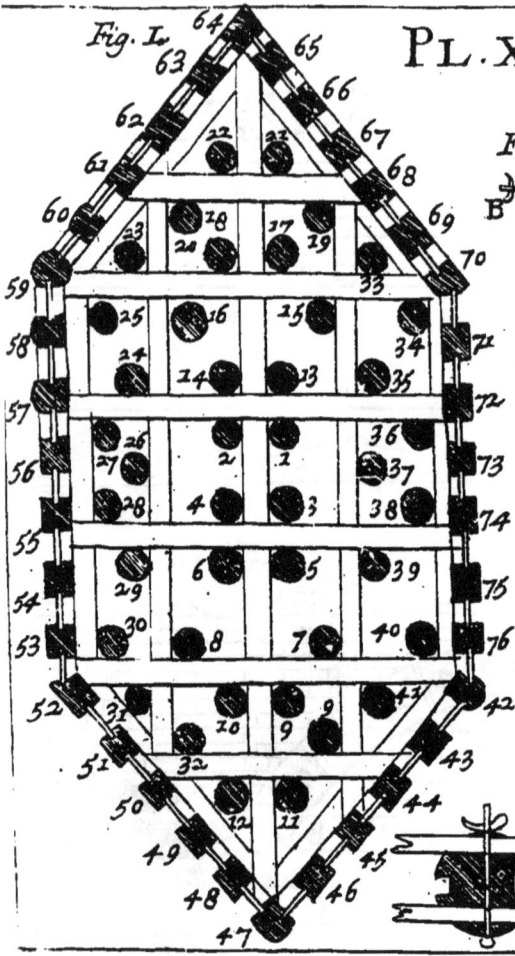

Fig. I.

PL. XX.

Fig. II.

Fig. III.

Fig. IV.

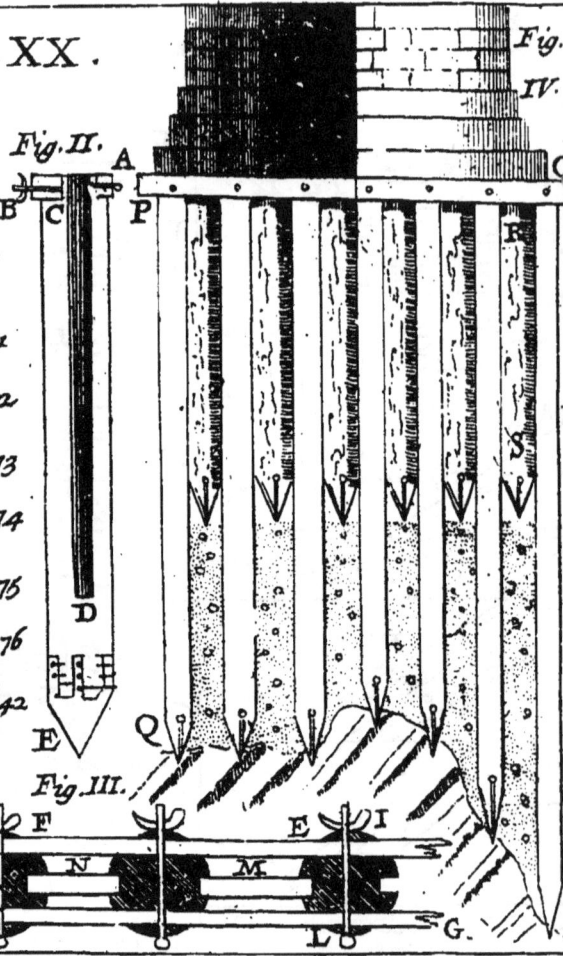

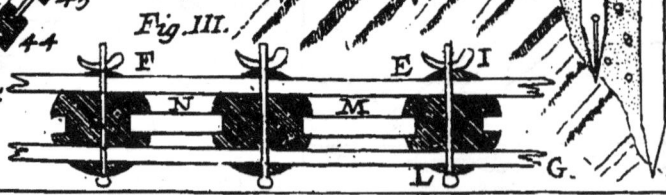

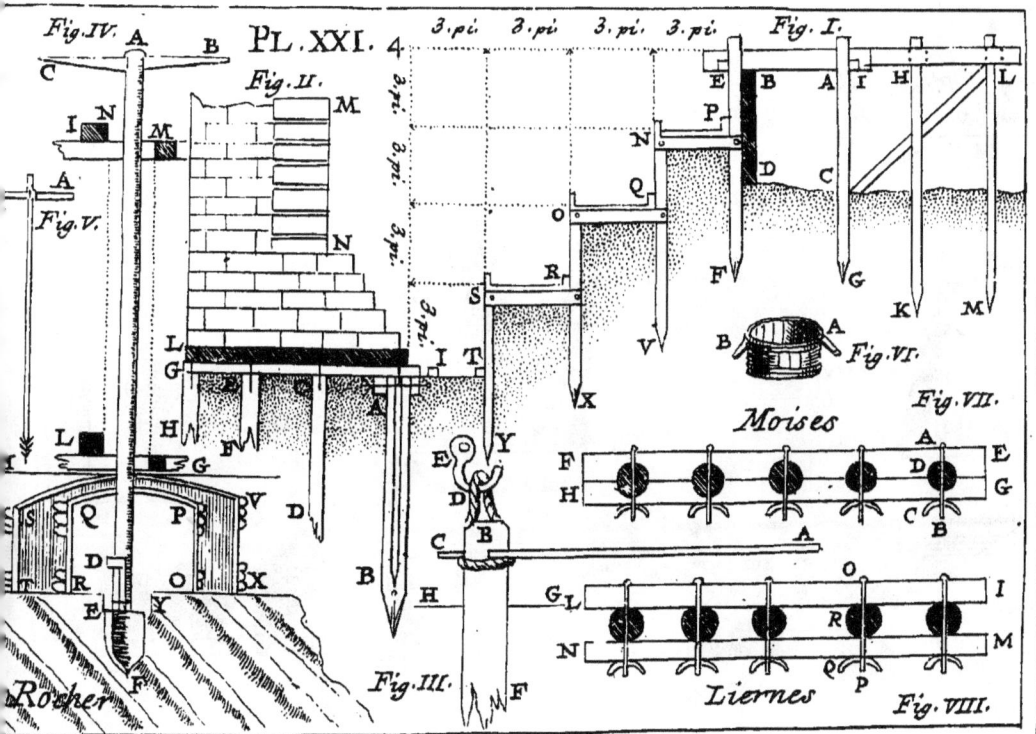

Fig. IV.

PL. XXI.

Fig. II.

Fig. V.

Fig. I.

3. pi. 3. pi. 3. pi. 3. pi.

Moises

Fig. VI.

Fig. VII.

Liernes

Fig. III.

Fig. VIII.

Rocher

Plan

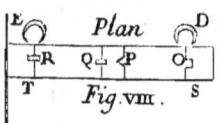

Fig. VIII.

Elevation

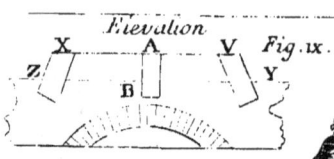

Fig. IX.

Fig. I.

Profil

Fig. II.

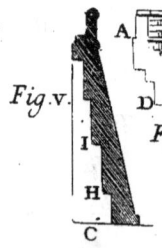

Fig. V.

Fig. IV.

Fig. III.

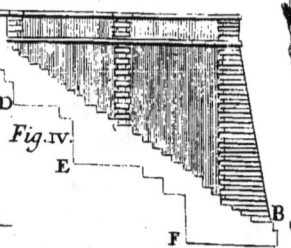

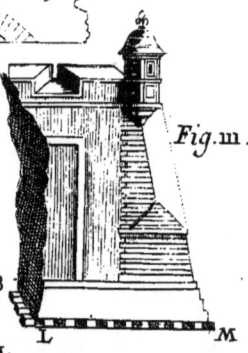

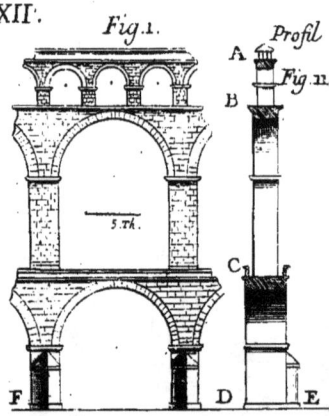

5. Th.

Fig. VII.

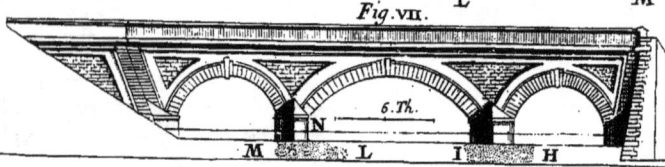

6. Th.

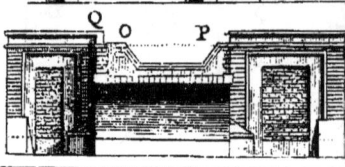

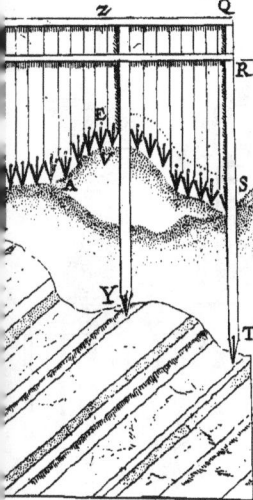

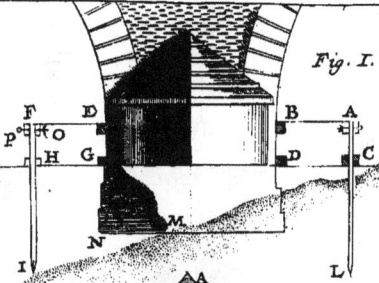

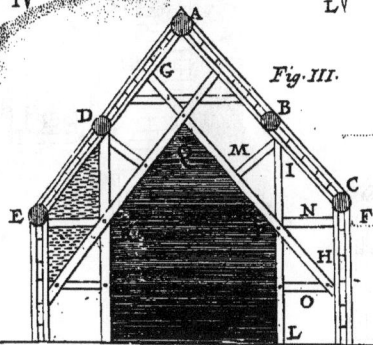

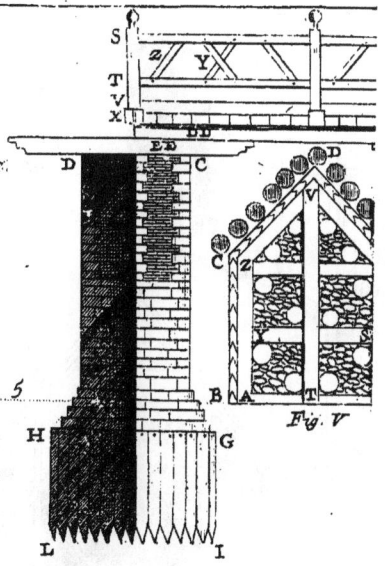

PL. XXIII.

Fig. II.

Fig. I.

Fig. III.

Fig. V.

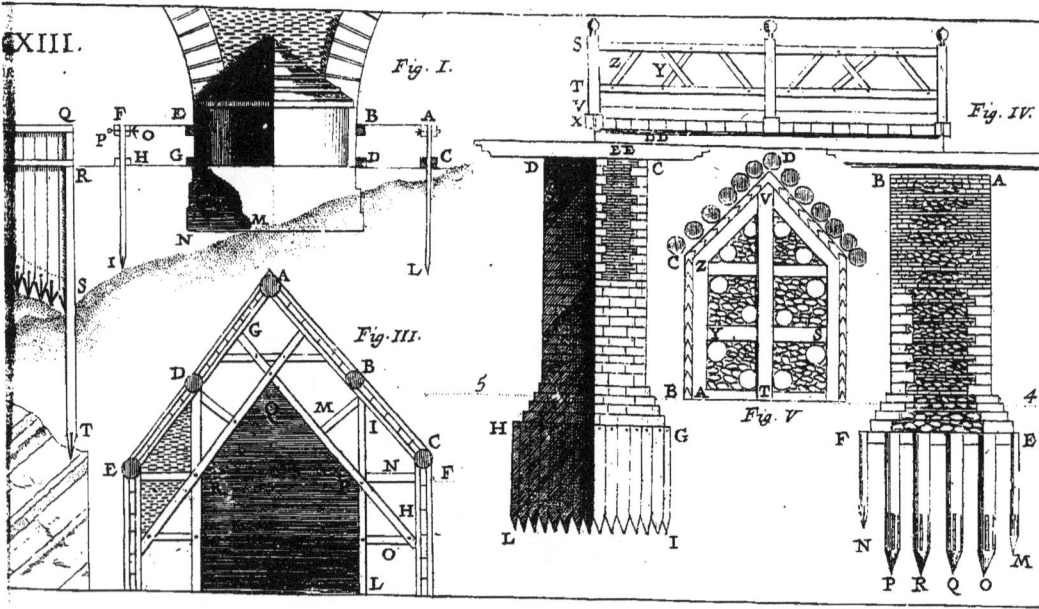

CXIII.

Fig. I.

Fig. IV.

Fig. III.

Fig. V.

5

4

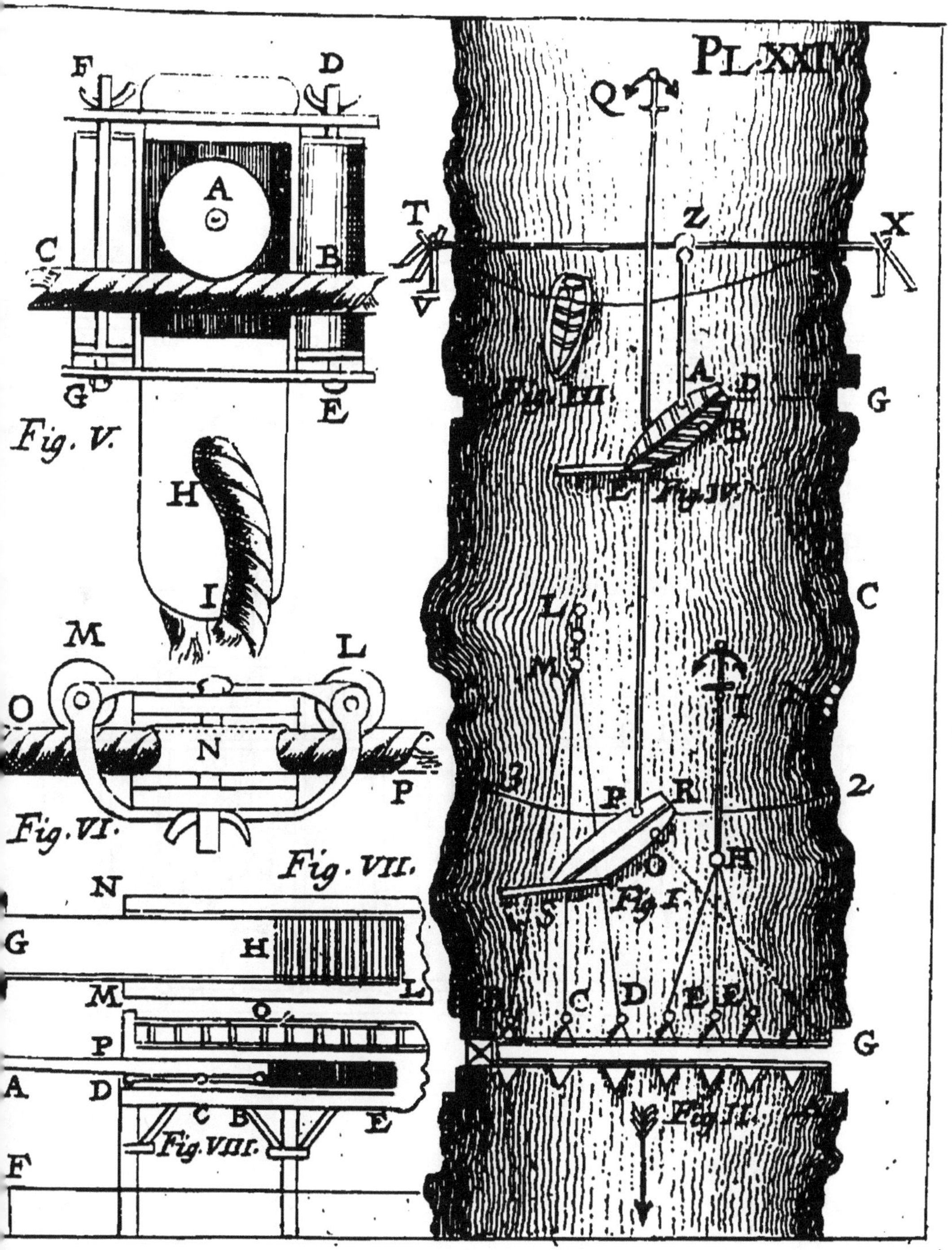

Pl. XXIV.
Fig. I.
Fig. II.
Fig. III.
Fig. IV.
Fig. V.
Fig. VI.
Fig. VII.
Fig. VIII.

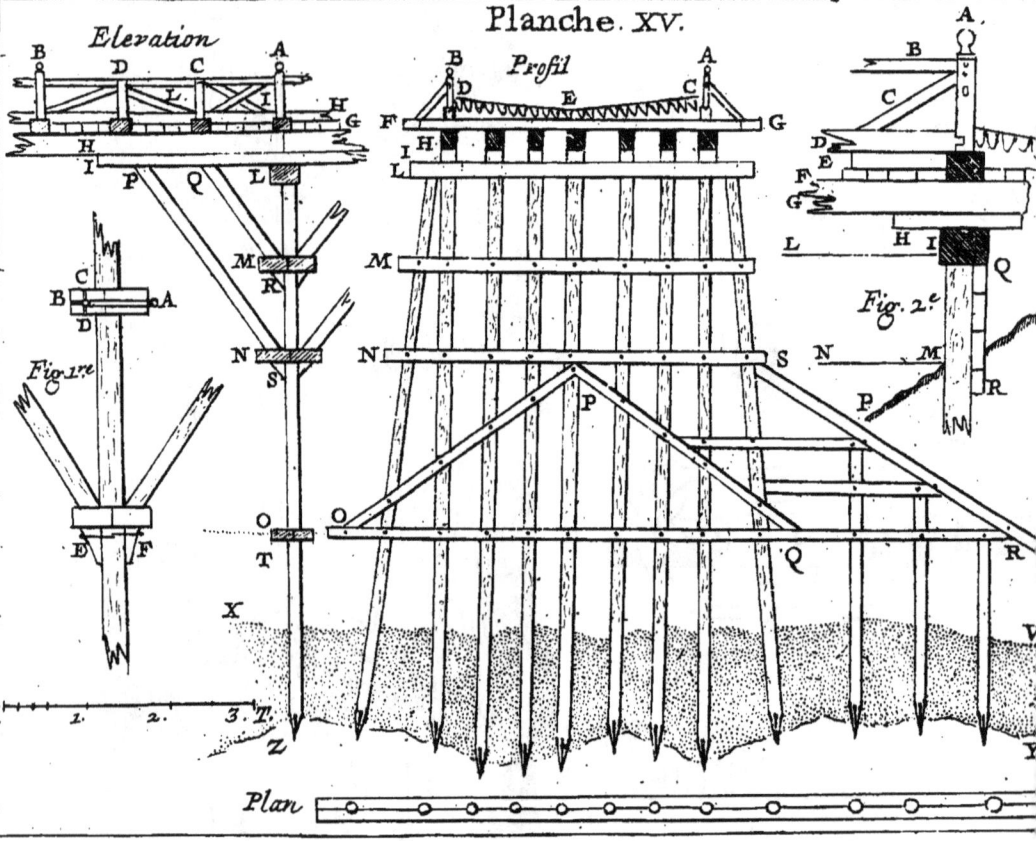

Planche. XV.

Elevation

Profil

Fig. 2.e

Fig. 1.re

Plan

Fig. I.

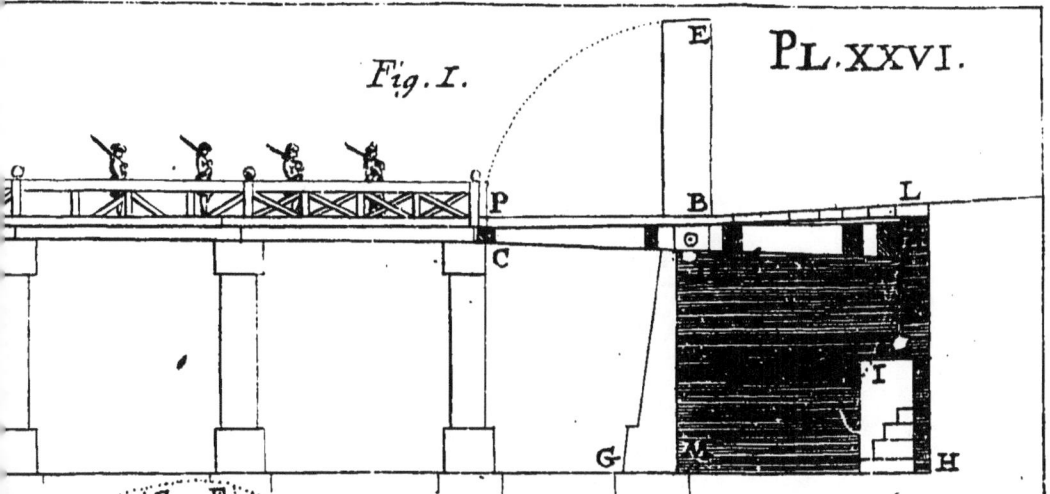

Fig. III.

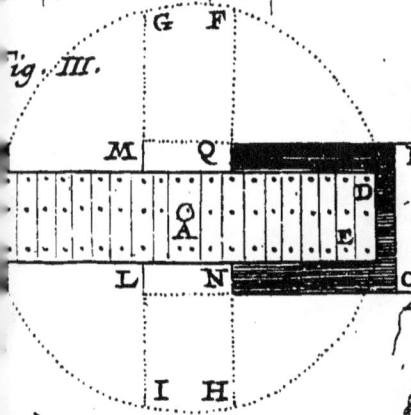

Fig. II.

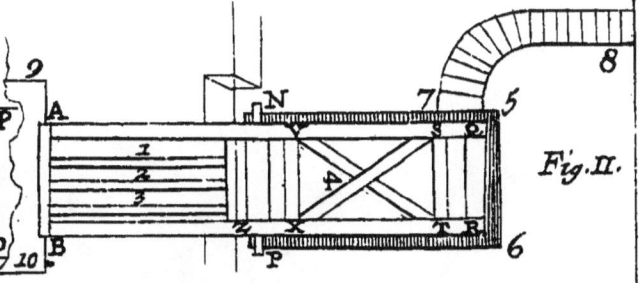

Fig. IV.

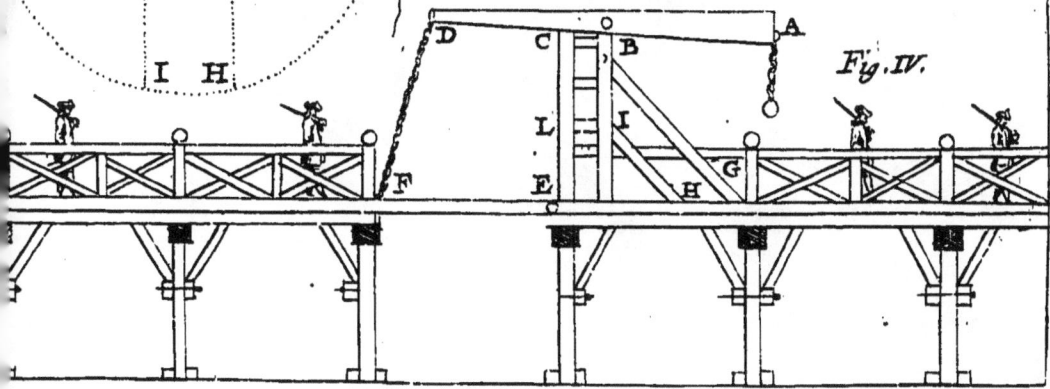

www.ingramcontent.com/pod-product-compliance
Lightning Source LLC
Chambersburg PA
CBHW060353200326
41519CB00011BA/2124